스피릿의 (81일)

자전거 전국일주

- 본문에서 내용의 특성을 살리기 위해 신조어 및 의성어, 초성어 등의 기법으로
  표현한 내용이 있습니다.
- 본문에서 사용된 일일 경로 안내 지도는 네이버(NHN 주식회사)의 사용동의를
  얻어 네이버지도의 이미지를 사용하였습니다.

- 〈스피릿의 81일 자전거 전국일주〉에 많은 도움을 주셔서 감사합니다.

스피릿의 (81일) 자전거 전국일주

글·그림·사진 박성준

81일의 Fun한
여행일기

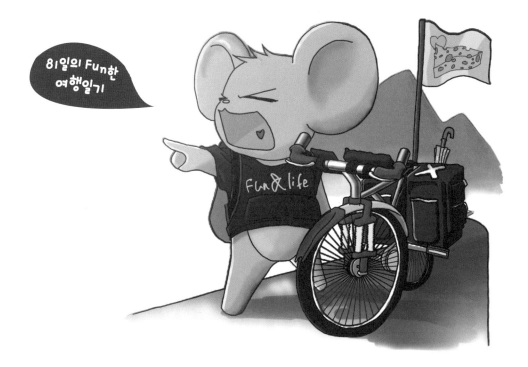

지식공감 도서출판

상병 때였던가...

꿈을 꾸었습니다.

입대 전, 부산을 한 바퀴 돌며
도중에 포기했던 꿈이었습니다.

점심시간 이후 늦게 출발하여
을숙도 근처 명지의 친구집을 들린 후
하단-다대포 자전거 길에 진입했어요.
2월의 겨울 강바람과 소리,
어둠은 서서히 저를 잠식시켜 나갔고,
포기하고 집으로 돌아가기 시작했습니다.
이내 곧 두려움은 새벽 1시에
부모님을 부르게 하는
처량한 모습을 만들어 버리고 말았습니다.

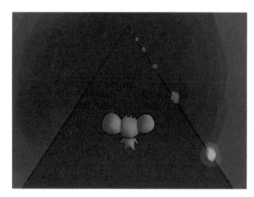

자전거를 타고 전국일주하는
저의 모습!!

그땐 외박을 하겠다는 생각은 못하고
하루 만에 돌아야 한다고 생각했을까?

그리고 이어지는 다음 장면...

뜨거운 열정의 바람을 가르는
나는 자전거 여 . 행 . 자

비록 꿈이었지만
그 모습에 온몸으로부터
전율을 느꼈답니다.

정확히 언제
그 꿈을 꿨는지는
기억이 나질 않았으나 적어도
반년 이상 복무기간이 남아
있었습니다.

질질

평소에도 추진력이 다소 부족하다고
여겼기에 이번 여행에서는 최소한의 계획을
가지고 그때그때 상황에 대처하는 행동력을
배워오겠노라고 다짐하였습니다.

부산에서 자전거 여행을 했을 때
계획을 너무 중요시하는 바람에
행동 측면에서 많이 부진했었죠.

스미마셍~

웰○스를 마셔도

길을 잃어도   외국인을 만나도

하지만 지금 출발하기 전 저의 모습은 모든 루트와 필요한 도구 등등 세부적인 계획들을
거의 다 짜놓은 상태였어요. 장점이라면 장점이라고 할 수 있겠지만 처음 의도와 다르게
변해버린 것이 아쉬웠습니다.

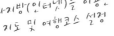
싸지방(인터넷)을 이용한
기도 및 여행코스 설정

거길 체력인의 나름
허벅지 강화 운동

여행 시 가져갈 물품 목록

하루는 부대장이
주말에 장병들이
묶는 생활관
순찰을 돌았는데
지도를 수십장

뽑는 모습을 보고 간첩으로 오해를
하기도 했다고. 어째서...

제가 돈에 대해 관심이 많아 인격책, 경제책
등을 다소 읽은 적이 있습니다. 그런 책들을 보면
성공한 사람들의 주위에는 늘 비관적인 사람들이 있었다고 합니다.

 안될 거야 넌 할 수 없어

 설마~

제 주위에는 그런 사람들이
혹시나 있겠나 싶었습니다.

정말 소름이 돋을 정도로 믿기지가 않았습니다.
열에 아홉은 부정적인 시선을 주었습니다.
'안된다', '실패할 거야', '중도 포기할 거야'
'너라서 안돼' 등등 수많은 말들을 들었답니다.

군에 있을 때
부대 총원을 대상으로
인성검사를 한 적이
있습니다.

상담사께서 다른 사람들의
검사표를 보며 설명을 해주었습니다.

16가지 부류로 나뉘어
있었는데 저를 보고선
놀란 표정을 감추지
못했습니다.

 친구는... 있어요..?

한국인 100만명 중 한 명 나올까
말까 하는 타입이에요!
고집이 세고 남의 말을 귀 기울이지 않죠.

그때 내심 기뻤답니다.

한국에 몇 없는 존재...

이 세상에 성공했다는 사람들은 평범하지 않았다!
그렇게 생각했습니다.

책에서는 **NO**라고 외치는 사람들이
보기에는 방법이 보이지 않으니까
그런다고 하고...

인성검사에서는
한국에 몇 없는
존재라고 나왔으며...

사람들이 '넌 안돼'라고 할 때마다
생기는 '성공하면 보자'라는 오기에

좋은 경험이
될거임

열에 하나의 열렬한 응원군단까지!!

이 모든 것들이
더욱더 저의 가슴을
벅차게 만들어 주더군요!!

어찌 보면 '성공하지 못할 거야' 라는 사람들을 골탕
먹여주기 위해서라도 완주를 하려 하는 것 같기도 합니다.
살아가다 보면 수많은 역경이 없지 않을 겁니다.

사람되기
자전거 전국여행
여자친구 환상속의
동물
：
：

저는 앞으로 제가 살아갈
인생계획표를 대충이나마
짧게는 30세 길게는 60세까지
만들어 놓았습니다.

그 중 하나인 자전거여행!

그것 하나조차 성공하지 못한다면
앞으로 무엇을 할 수 있겠습니까?

하여 이제 20대의 젊음과 뜨거운 열정을 가슴에 품어
석달간의 자전거 전국 여행 일주를 출발하겠습니다!

포기란 쉽지만 시작은 어렵다.
2012년 3월 1일 - SPIRIT -

Warm-up!
미리 돌아보자~
동네 한바퀴~

이동거리	부산	72km		
총 거리		72km		

3월 1일부터 시작하여 3개월간의
긴 여정을 출발합니다. 이에 앞서
전국여행과 동일한 상태로 준비를
하고 2박 3일 부산을 다녀올 계획
입니다. 어디로 갈지 생각도 정해놓
지 않고 목적도 없이 말이죠.
몸을 피곤하지 않은데 정신이 피곤
한... 마우스를 잡고도 내가 무얼 하
느지 모르는 듯한...?

Go!

무계획 2박 3일!

지도상에서 12시를 기점으로
시계방향으로 무작정 달려요~

시작부터 바로
뒷산을 넘었어요.
아직 한참 멀었어요.

나의 애마! 어헉.. 신품냄새 ㅋㅋ
군대에서 한품두품 모아 장만!

마을이 보이기 시작한다!
오늘따라 왜 이리 반가운 거지?

올라가다가 이용한 간이화장실.
이런 게 많았으면 좋겠어요.

"안녕~"

산성에서 본 귀여운 강아지 한 마리
누구에게나 반기는 듯하다?
너에게서도 같은 냄새가 나...
신품냄새... 응?

더 돌아다닐지 아니면 적당한 곳에서 머무를지 이곳에 앉아서 고민 좀 해야겠어요.

해리야... 얌전히 기다려...

여기 해운대에서 10km 떨어진 서면 근처 찜질방에서 자기로 결정했어요.

예전에 홍고기라는 친구와 1박 2일 부산 자전거 여행을 한 적이 있어요. 그때 코스 중에 대티터널을 지나는 것이었는데 지나가지 못했어요.
사람이 지나갈 수 있는지 없는지도 확인해 보지 않고 지하철 1호선을 타고 넘어간 적이 있어요.

홍고기 보고 있나!

무작정 달리는 2박 3일이 지겨워서 1박 2일로 끝냈어요. 지금의 장비들로 여행을 해 본 결과를 정리해서 재정비 돌입!

빨래비누는 어쩌다 한 번씩 할 빨래를 비누로 통일하는 것이 좋을 것 같아요.. PASS~

충전하려고 태양광 충전배터리를 들고 갔는데 막상 햇빛을 쐬게 해줄 수가 없더군요. 그렇다고 인터넷 구매를 하자니 가격도 착하지 않고... 그래서...!

작업 돌입..... ㅋㅋㅋ

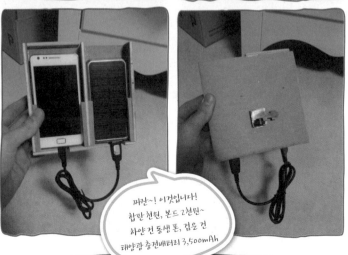

짜잔~! 이것입니다!
합판 천원, 본드 2천원~
하얀 건 동생 폰, 검은 건
태양광 충전배터리 3,500mAh

스피릿

키 169cm  / 몸무게 58kg 역대 최고치라는 말이 있음.

대한민국 신성한 국방의 의무를 마친 건장한 청년.
움직이는 걸 싫어해서 체육시간이면 항상 벤치에 앉아 수다만 떨던 수다맨.
사람이든 기계이든 저체력이니 저체중이니 라는 소리를 듣던 남자. 즉 평균 이하의 체력.
하지만 좋아하는 일은 미친 듯이 해내는 근성. 최대의 장점이자 단점.
양날의 칼이라고 할 수 있는 잔잔하고도 강력한 자기주장. 다르게 말하면 똥고집이 센 남자.

미쥐

스피릿의 마음속의 감정을 대변해주는 아이.

삼천리 자전거 700cc 팝콘 F14
종류: 하이브리드 / 기어: 2×7 / 중량: 약 12kg
구매가격: 23만원(2012년 3월)

백미러
폰 거치대
백미러
물통
잠금장치
짐받이

자전거 여행에서 중요한 것 중 하나가 자전거인데요. 어때 보이나요?
여행을 하며 많이 들었던 말 중 하나 "자전거가 비싸 보인다"였어요.
또 다른 말은 "나는 몇 천만원짜리 자전거가 집에 있는데..."
이 말이 무엇을 의미하는지 아시겠어요?
"장거리 여행을 위해서는 값비싼 자전거가 필요하다"라는 거죠.

그건 편견이에요!

50만원 정도 생각하고 2월에 자전거 가게에 갔습니다.
하이브리드 자전거를 찾으니 3월이나 돼야 물건들이 들어오고
남은 건 14단짜리 팝콘 하나뿐...
고민 끝에 700cc 팝콘 F14를 구매하기로 했답니다.

나를 지키려면 안장도
비싸야 될 것 같고...

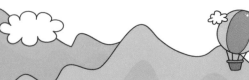

자전거는 크게
산악자전거(MTB, Mountain Bike), 하이브리드(Hybrid Bike),
사이클(Road Bike)로 분류해 주고 있어요.

산악자전거는 말 그대로 산에서 거친 도로를 타는 것이고, 속도도 느립니다.
게다가 가격은 대개 높은 편에 속합니다.

사이클, 흔히 로드라고 부르는 이 자전거는 바퀴도 크고 속도도 빠릅니다.
다만 주된 자세가 앞으로 숙이고 있는 모습이라 장거리여행과는 맞지가 않죠.

하이브리드는 MTB와 로드의 혼합형으로 속도도 어느정도 낼 수 있고 MTB처럼 거친 길도 어느
정도 갈 수 있는 그야말로 장거리여행에 적합한 녀석이라 봅니다.
그 외에 미니벨로, 픽시가 있습니다.

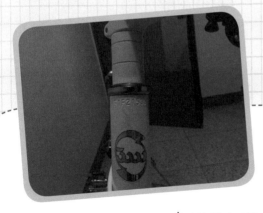

자동차처럼
자전거 등록하기

자여사, 자출사와 같이 사람이 많은 카페에
자신의 자전거 번호와 자전거 이름, 대략의 주소, 전체 사진 등을 기재하면
법적으로 보호받을 수 있어요.

준비물

의류

평상복

헬멧

장갑

운동복

선글라스

옷은 여행할 계절에
맞게 준비한다.

속옷 ☆☆

양말

☆☆ 안면마스크
추울 때나
노숙할때
필수!

우비
☆

필요한 만큼 가져가자

기타물품

비상식량 ☆☆

실과 바늘 ☆☆

우산 ☆

필기구
&여행루트

여행계획 체크하고
수시로 메모나
그림을
그리는데
좋음!

어느 정도
챙겨가면 좋다

가위 ☆

방수커버
☆☆

라이터 ☆

칼 ☆

가방 버클

건전지

배낭 ☆

패니어가방 ☆☆

침낭 ☆☆

세면도구

휴지

핫팩

립글로스

비상약품

칫솔 ☆ ☆

수건

치약 ☆

물파스

비누 ☆

손톱깎이

연고

비닐팩

면도기

모기향 ☆

자전거용품

태양광충전기

핸드폰충전기 ☆ ☆

브레이크패드 ☆

십자드라이버 ☆ ☆

여분으로
2쌍 정도 구비하는 것이
적절함!

틈이 날때마다 수시로
충전기와 여분 배터리를 이용한다.
자전거를 타는 동안엔 태양광충전
기를 거치대를 이용해 자전거에 끼
워두고 충전하면 좋음!

육각렌즈 ☆ ☆
수리시
사용

펌프 ☆ ☆

16mm스패너 ☆

펑크수리키트세트 ☆ ☆

수리시 사용,
맞는 크기로 구매

주예비용 필수×2

튜브 ☆ ☆

전조등 ☆ ☆

후미등 ☆ ☆

Riding Route
Travel Plan

철원　화천　양구　속초
판문점　인제　양양
파주　동두천　춘천　주문진
강화　가평　강릉
고양　구리　남양주　홍천
김포　서울　양평　횡성　동해
부천　과천　광주　원주　평창　정선
인천　안양　성남　이천
수원　용인
오산　안성　제천　태백
평택　충주　단양　울진
당진　천안　영주
서산　예산　아산　영양　후포
태안　세종　청주　문경　안동　청송
홍성　보은　의성　영덕
청양　공주　군위
부여　대전　구미
논산　영천　포항
서천　대구　경주
군산　익산　울산
김제　전주
정읍　임실　창령
고창　순창　남원　합천　밀양
담양　산청　의령　양산
영광　진주　함안　창원
광주　나주　마산　김해　부산
무안　하동　진해
목포　순천　광양　사천　고성
보성　여천　남해　통영
벌교　여수
장흥　고흥
강진
진도　해남
완도

제주

🚲 **Route 1** | 태백산맥에서 체력을 기르다

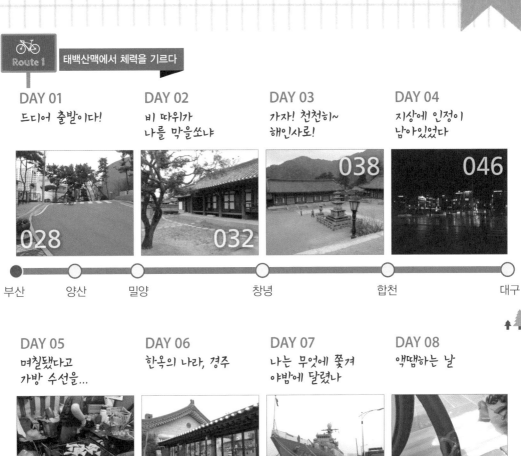

DAY 13
구자령,
그리고 자대 방문

DAY 14
울진은 관광지였다?
코스를 수정하자

DAY 15
7번 국도가
타고 싶은 날

DAY 16
동해에서
좋은 친구를 사귀다

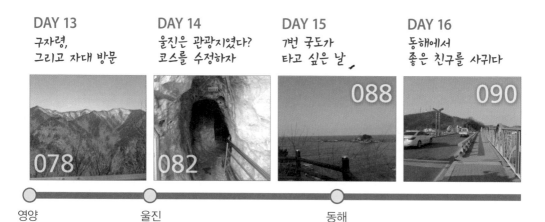

078 082 088 090

영양   울진   동해

DAY 17
강릉의 명물,
교동반점

DAY 18
비 오는 날, 강릉에
잠시 머무는 시간

DAY 19
아름다운 자취,
오죽헌과 낙산사

DAY 20
한 번 봐 주겠어,
미시령

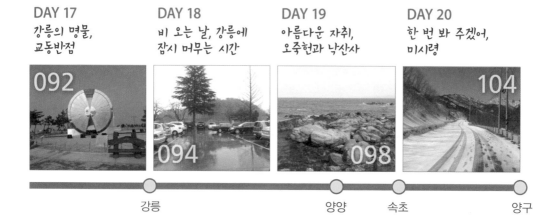

092 094 098 104

강릉   양양   속초   양구

🚲
Route 2   평지가 많은 서해안 코스

DAY 21
한반도섬이라고
들어보셨나요?

DAY 22
무리해서 왔건만...

DAY 23
강원도의 마지막은
빡시게 아자아자!

DAY 24
돌아가게,
오늘은 멘붕의 날일세

106 110 114 118

춘천   철원   동두천   일산

Route 3

남해안을 따라서 부산으로 돌아가자

DAY 49

제주도는 국제선?

244

DAY 50

여행의
2/3지점 도달

252

DAY 51

올 것이 왔구나,
그분은 몸살...

256

DAY 52

천년의 타임캡슐,
지난 시간은 1%

258

목포　　　　제주

DAY 53

어디에서 찍든 멋진
이곳은 제주도

264

DAY 54

주상절리부터
정방폭포까지

272

DAY 55

칼을 뽑았으면 무라도
썰어야 하는 법

280

DAY 56

제주도가 보여주고
싶지 않은, 성산일출봉

286

DAY 57

아쉬움을 뒤로한 채
다시 반도로

290

DAY 58

시간에 맞춰 여수로
가야하는데 초조해

294

DAY 59

땅끝마을에서
청해진의 완도까지

298

DAY 60

수려한 아름다움 속에
자리한 그곳

304

목포　　진도　　해남　　　　완도　　강진　　장흥

DAY 61
녹차의 수도,
보성
308

DAY 62
근로자의 날,
저도 쉬겠습니다.
312

DAY 63
나로우주센터 가는 길은
너무 힘들고 험해
314

DAY 64
포기란 쉽지만 시작은
어렵다를 되새겨본다
320

장흥   보성   고흥   보성벌교   순천낙안

DAY 65
살아있는
낙안읍성민속마을
322

DAY 66
가족과 함께
여수엑스포
330

DAY 67
가족과 함께 한
순천만갈대밭
340

DAY 68
광양으로~
346

순천   여수   순천   광양

DAY 69
경상남도...
드디어 돌아왔다!
348

DAY 70
이순신 로드?
354

DAY 71
덕산의 고모댁으로
360

DAY 72
길리마을의
할머니댁으로
364

하동   남해   사천   산청

부산 **양산** 통도사 **자수정동굴나라** 밀양
해인사 **대구** 서문시장 **동촌구름다리** 경주
새마을운동발상지기념관 구미 **낙동강종주길**
선어대생태공원 안동독립운동기념관 **영양** 한티재
오죽헌 **양양** 낙산사 **속초** 미시령 **양구** 춘천

영남루 간지마을 **구니서당** 창녕 **합천**
무열왕릉 천마총 **교촌한옥마을** 포항어시장
군위 **마애선사유적전시관** 안동하회마을
구주령 울진 **성류굴** 망양정 **동해** 강릉 **정동진**
한반도섬 지리산 **춘천댐** 38선 **철원**

Route 1

태백산맥에서
체력을 기르다

경상도-강원도

DAY 1
드디어 출발이다!

최고기온 15.8℃
최저기온 -0.1℃

이동거리	부산-양산-밀양	69km	수입	여행 준비	1,753,945₩
총 거리		69km	지출	라면(저녁)	1,100₩
			총 예산		1,752,845₩

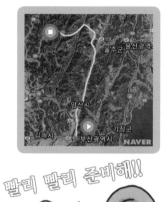

여행에 앞서 물건들을 챙기고 있는 스피릿.
말도 안 되는 설정샷으로 시작하고 있다.

빨리 빨리 준비해!!

출... 출발!!

풉...! 어설퍼~

부산에서 양산으로
향하는 길

자전거를 타고 이곳까지 올 때쯤이면
언제나 벼룩의 한계처럼 "난 할 수 없어."라며
뒤돌아서 버리는 나의 모습이 떠올랐다.

집이 북쪽에 있어서 그런지
양산으로 금방 도착하네요!

헐...

아니...
무슨 까마귀 떼가
이렇게...

우와~ 수많은 장독대를 보니
벌써 순창에 당도한 듯 기분이 두근두근!

오오!! 눈이 번쩍번쩍!

우리나라 3대 사찰
중 하나인 통도사

하얗~ 드디어 도착! ...했으나 자전거는 출입금지?
돈은 3000원. 차도 들어가는데 도대체 왜?
누구를 위해 존재하는 것인가요, 부처님!

발길을 돌려 물을 얻으러...
흔쾌히 넓은 아량을 베풀어주신
주인 부부님, 감사합니다~
아직 정이란 있는 것이엄어!!

여기까지 오는데
시간이 많이 소요된 듯...

자수정동굴나라
도착!

땀에 흠뻑 젖었어도
시원한 알바람이 불어오니 상쾌합니다.

뭐가 이렇게
비싼거야?

산에 만들어 놓은
작은 유원지같다
랄까?

사람들이 저를 신기하게 쳐다봤어요.
그리고 대부분 가족단위 손님들이네요.

굶주린 배를 동생이 챙겨준
비상식량으로 채웁니다.

뭐하는 곳이지?
아무래도 조상을 모시는 곳인 것같죠?

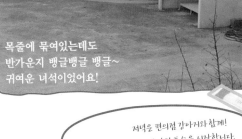

목줄에 묶여있는데도
반가운지 뱅글뱅글 뱅글~
귀여운 녀석이었어요!

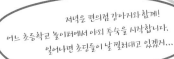

저녁은 편의점 강아지와 함께!
어느 초등학교 놀이터에서 야외 투숙을 시작합니다.
일어나면 초딩들이 날 떨쳐대고 있겠지...

DAY 2
비 따위가 나를 막을쏘냐

최고기온 9.7℃
최저기온 4.4℃
강수량 0.2mm

이동거리	밀양-창녕	70km	지출	김밥, 라면(아침)	1,900₩
총 거리		139km		국수(저녁)	5,000₩
				가위, 순간접착제	2,500₩
			총 예산		1,743,445₩

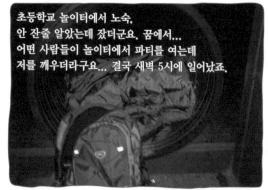

초등학교 놀이터에서 노숙.
안 잔줄 알았는데 잤더군요. 꿈에서...
어떤 사람들이 놀이터에서 파티를 여는데
저를 깨우더라구요... 결국 새벽 5시에 일어났죠.

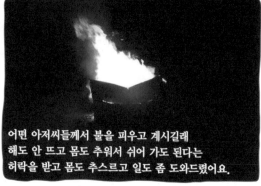

어떤 아저씨들께서 불을 피우고 계시길래
해도 안 뜨고 몸도 추워서 쉬어 가도 된다는
허락을 받고 몸도 추스르고 일도 좀 도와드렸어요.

새벽의 모습은
경이롭구나~

꽤 인상적인 밀양시청 앞 비행기

조용한 시내 분위기와는 다르게
여러 가지 문제가 있는 듯합니다.

영남루가
보인다!!!

영남루의 신기한 지그재그 계단 덕분에 올라왔습니다.

인증샷 한번 찍고!

이 모든 것은 만화자료다. ㅎㅎ~

양해를 구하고 한컷!

모두가 한다던!

가랑비라 달리면서 말랐는데
내리막에서는 낭패로군요.
축축하게 젖었다.

배도 고프고 재정비를 위해
근처 멋쟁이들의 마을로 향했습니다.

국수집이 보였어요.
먹는시간 동안 충전도 하고
바지도 갈아입었어요.
그런데 국수 5천원 ㄷㄷ

그래도 밥다운 밥을
먹어서 다행이야...

가는 길에 구니서당이란 곳이 보여서 찍어봤어요.

지나가던 길에 보이던 창녕박물관도 탐색~

주인따라 배장당한
16세 비운의 소녀 송현이,
송현동에서 발견되었다 하여 송현이라네요.
바로 자세히 발굴되어 배장 전에 질식사한 것으로
추정된다고 한다...

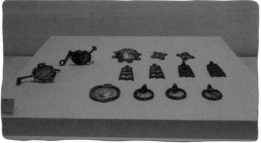

석리 성씨 고가 근처 교회가 보입니다. 하룻밤을 부탁드려봐야겠어요.
아무도 없지만 문이 열려있어 일단 들어가 보았습니다. 그리고 1시간정도쯤 지나자 목사님과 신도분이 오셨습니다.
"여차저차 하여 이곳에서 묵었으면 합니다. 조용히 하루 묵어 가도 되겠습니까."
딱히 주변에 잘 곳도 없어 무작정 요청을 드려보는데 무작정 안 된다는 이야기를 하시네요.
사정사정했지만 안 된다는 목사님에게 왜 안 되는지 여쭤봤어요.
"너를 재워주게 되면 주민들로부터 안 좋은 소리를 듣게 될 것이다." ☆

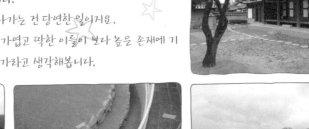

이유가 솔직히 탐탁지 않았어요.
어쨌거나 잘 곳도 없으니 다른 것을 요청드렸어요.
"그럼 여기 지붕 아래 시멘트 바닥에서라도 자도 되겠습니까."
"차가운 이곳에서 어떻게 지내겠다는 건가..."
그리고는 주민등록증을 보여달라, 교회는 다니는지, 어디에 다녔는지 등을
물어보시더라구요. 지금은 아니지만 예전에 다닌 적이 있어서 대답했어요.
"금곡제일교회에 다녔습니다."
"그럼 조용히 있다가 정리하고 가거라."
귀한 잠자리를 얻었는데 청소하고 나가는 건 당연한 일이지요.
저는 여행객에 불과하지만, 종교란 가엽고 딱한 이들이 보다 높은 존재에 기
대며 믿음을 가지는 그런 곳이 아닌가라고 생각해봅니다.

DAY 3
가자! 천천히~ 해인사로!

최고기온 10.3℃
최저기온 3.3℃

이동거리	창녕-합천	64km		과자	1,500₩
총 거리		203km		해인사	1,500₩
지출	빵, 우유(점심)	1,400₩		여관	25,000₩
	라이터	300₩	총 예산		1,713,745₩

어제 묵은 교회에서
깨끗하게 청소하고 나섰어요.
어쨌든 재워주셔서 감사합니다.

니... 니가 지금 왜!
길을 잘못 들어서 다시 되돌아...

시골 할머님들의 따뜻한 정을 느낄 수 있었어요.
부모님이 걱정하신다며 모르는 저에게
아들처럼 따뜻하게 불을 지펴주셨어요.

천천히 10km/h로
간다고 치면 약 4시간 후면
도착하겠군.

오르막을 오를 때는
옷을 말리자~

유레카!

이런 것도 있네요!

구불구불한 길

해인사가
상당히 먼 듯...
가도 가도 끝이 안 보이네.

마침 벤치가 보입니다.

드디어...
드디어...
해인사에 도착한 듯

계곡 참 맑다~

매표소에다 차인가 도착했지만
계속 오르막길이라서
오늘 이동의 반을 걸었네요.
그래도 3대 사찰 중 하나인데
채워주겠죠?

매표소 직원분이 고등학생이냐며
1,500원에 끊어주셨어요.

바위 하나하나에
한자가 새겨져 있더라구요.
경건한 마음을 잘 모르는
저에게도 와닿는 것 같아요.

올라가다가
옆으로 샜는데
너무 조용합니다.
스님들 숙소인 걸까?

물이나
좀 떠가자!

자전거를 가지고 있어서
옆길로 들어갔어요.

TV 속

이런 건 바라지도
않았는데...

현실

염주

7시쯤 되니 어두워졌어요.

어느 보살님께서 높은 분께 말씀드리면 3~4만원 정도에

허름한 방을 구할 수도 있을 거라고 하셨어요.

이곳에서 나이가 가장 많으시며 두번째로 높으신 스님이라며

예를 갖추라고 하시더라구요, 절을 3번 했습니다.

여행 중인 아이인데 재워줄 수 없겠는지

여쭤주셨는데 안 된다고...

그래서 보살님이 어디 가서 한번 물어보라고 하셨는데

어딘지 기억이 안 나네요...

돈 없으면 절 구경도 힘들고, 자고 팔만대장경 보고 갈랬는데...

쩝... 대충 이미지 자료로 쓸 것들만 찍어서

해지기 전에 곧바로 내려가야겠어요...

이미 6시 30분...
출입금지라고...
경비아저씨께서 포토존이 있으니
그거라도 찍어가라고 알려주시네요.

깜짝이야!!

비가 내린다...

그래도 한국의 미가 느껴졌습니다.
비전문가인 제가 봐도 엄청났어요.
다음에 다시 한번 가보고 싶군요.
그때는 꼭 자세히 구경을...

일단 빨래 좀

밤길을 내려오는 데만 20분 가까이...
마을을 찔러봤지만 안 받아주네요. (한두 곳만 물어봤어요.)
박물관에서 자볼까 하니 세콤이 걱정. 이 동네는 찜질방도 없고...
다음 코스인 대구로 넘어갈까도 했지만 50km가 넘고...
결국 거금을 들여 여관에... 한동안 식단은 어쩔 수 없을 듯!
내일 남부지방은 비가 온다던데, 최악의 상황에서도 방법은 있을 거야!

DAY 4
지상에 인정이 남아있었다

최고기온 9.8℃
최저기온 3.2℃
강수량 3.5mm

이동거리	합천-대구	54km	지출	빵, 우유(아침)	1,450₩
총 거리		257km		찜질방	8,500₩
			총 예산		1,703,795₩

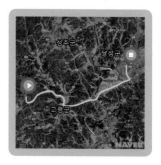

여행 4일 중 2일간 비가 내리네요.
어제 해인사 갔다 오고 피곤했는가
11시에 일어났답니다.

25000WON
CRITICAL

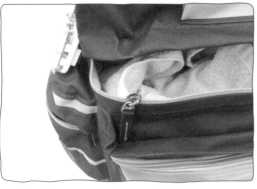

비가 굵어져서 마을회관으로
비를 피하고 있었어요.
어느 한분이 들어가자고 하시며 밥을 주셨어요.
다른 분들도 부모님 아시면 걱정한다고
염려해주시더라구요.
아무튼 따뜻한 정을 느낄 수 있었습니다.

감사합니다~

가끔가다가 보이는 문이 달린 버스정류장
개인적으로는 이런 곳이
많이 있으면 좋겠어요.

대구? 대구!
대구다 대구!!

드디어 대구 입성!
그리고 30km 남았다~

대구의 모습입니다.
목적지까지 이동만 하느라 별로 사진이 없어요.

오늘은 늦게 일어나서 많이 못 갔네요.
내일도 비온다고 하는데 쉬어버릴까...

DAY 5
며칠 됐다고 가방 수선을...

최고기온 7.7℃
최저기온 4.4℃
강수량 18mm

이동거리	대구	11km		납작만두	2,000₩
총 거리		268km		우의	8,000₩
지출	수선비	10,000₩		찜질방	7,000₩
	공구	20,000₩	총 예산		1,656,795₩

가방을 수리하기 위해 수선집에
들렀어요. 수선집 아저씨께서 정
이 많으시더라구요.
정말 기분이 좋았답니다.

막상 수선이니 공구니 하며 돈이
쑥쑥 빠져나가는 걸 보니 천원
의 소중함이 느껴졌어요.

'밥상이 달라진다'
수선비 좀 저렴하게 해달라고
해서 천원을 깎았는데 2시간 동
안 작업하시는 걸 보고 이건 아
니구나 싶더군요.

자전거 브레이크 패드가 다 닳아
서 일단 부품도 구매했어요.

우왕~ 서문시장 도착!
서문시장에서 유명하다는
납작만두를 찾아보자!

비 오는 날에도 우산 없이 다닐 수 있게
천정이 있어서 사람들이 많은 것 같았어요.

비 오는 날 이동할 수 있도록
우의 하나 장만!

납작만두가 요기있넹~

2천원에 8개!

맛도 일품!

호갱님~ 이거 다~
거짓말인 거 아시죠?

폰 충전하려고
찾아다니다가
다른 사람이 꽂아두는
것을 드디어 발견!
그런데, 직원이 바로 뽑아버리고...
멋진 실랑이가 펼쳐졌었던...

쾌적한 실내 기분 좋은 하루
우리는 손님을 존경합니다

49

DAY 6
한옥의 나라, 경주

최고기온 11.7℃
최저기온 4.9℃

이동거리	대구-경주	69km	지출	식량	40,390₩
총 거리		337km		음료	1,800₩
				총 예산	1,614,605₩

새건데... 6일 만에...
집에 있는 자전거는 몇 년 탔는데
한번도 안 갈아줬거든요.

난생처음으로 자전거를 고쳐봅니다.
브레이크패드 정도야
새걸로 끼워주면 되지 않나 라는 생각으로...
제가 고치는 모습을 보시더니 어떤 아저씨께서
"나는 몇 천만원짜리 자전거가 있는데 말이지..."
브레이크패드는 버리더라도 나머지들은 나중에
쓸 일이 있을 수도 있다고 챙겨가라고 하시던...

대구동촌구름다리 도착!!

이렇게 허름한 다리를 건너는데
돈을 내야한다니!!

폐쇄된 거였군.

바로 옆에 새로 지은 다리가 있네요.

이런 곳이 많이 생겼으면 좋겠다.
예산의 문제일까...
유료라도 좋으니 이런 곳이 많이
생겼으면 합니다.

식량 작전!

이번에 돈이 너무 깨져서 식비를 줄이기로 했어요.
사만원어치인데 두고두고 먹을 듯....

가자~ 경주로!

미친 듯이 달려서 경주에 입성!!
오토바이 타시던 분이 앞서 가면서
엄지손가락을 치켜세우는데!!!

짜잔~!

나사도 다시
쪼여주고
본드가 없으면
펑크패치용
본드를 써서 라도!!

무열왕릉입니다.
역사적 가치는 크지만 무지한 제겐 그저 민둥산일 뿐... 죄송합니다!

천마총도 왔어!

경주시에 드디어 도착!
해질 것 같으니 어서 잘 곳부터!

그냥 가는겨?

경주빵이 그렇게
유명하다던데?

왕릉이라고 해야 하나? 경주에서는 쉽게 보이네요.

먹고 싶냐?

밥은 먹고
다니냐?

좋아!
인적이 드문
곳이구나!

공사 중인 교촌한옥마을,
오늘 여기에서 자렵니다. 물론 마당에서!

구석구석 자료
긁어모으자~

오는 사람 그냥 보내지 않는다던 경주 최부자,
그래서 6.25 전시 때도
전쟁의 불길을 피해 가기도 하였다고...

그런데 여기인가?
차도 즐비하네~

한옥이 참 예뻐서 한번쯤은
이런 곳에서 살아보고 싶네요~

일반 가정집이었구나...
경주교동최씨고택에 가보자.

헐... 이건
무슨 소리임?
입장시간이란 게
있었단 말이야?

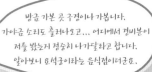

방금 가본 곳 구경이나 가봅니다.
가야금 소리도 흘러나오고... 어디에서 경비분이
저를 봤는지 정중히 나가달라고 합니다.
알아보니 요석궁이라는 음식점이더군요.

다시 돌아온 공사현장에서 자고 있었어요.
갑자기 경비업체에서 순찰을 돌길래 긴장했는데,
차에 들어가서 폰만 만지작 만지작...
나 같은 사람이 있는 줄도 모르고 대충대충 일하십니다~

DAY 7
나는 무엇에 쫓겨
야밤에 달렸나

최고기온 12.5℃
최저기온 2.2℃

이동거리	경주-포항-대구	130km	지출	목욕탕	5,000₩
총 거리		467km		빵, 우유	2,100₩
				찜질방	8,500₩
			총 예산		1,599,005₩

7시에 자서 10시에 일어났다.
추워서 도저히 잘 수가 없다.
찜질방을 갈까 포항을 갈까
고민 끝에 야밤에
달려보고 싶었다.

2만원짜리 전조등은
1m 정도의 시야만 비춰주었고
어떻게 그걸 보면서 도착했다.

퇴역함이라도 군함은 군함!

어시장에 직접 와본 것은
처음이에요!

아침부터
활기차군요~

제법 큽니다. 들어가서 관광하러 왔다니까 불을 하나하나 켜주시네요.
평소에는 잘 알려지지 않다 보니 찾아주는 사람이 별로 없나 봅니다.

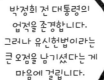

박정희 전 대통령의
업적을 존경합니다.
그러나 유신헌법이라는
큰 오점을 남기셨다는 게
마음에 걸립니다.

영천에서 대구 가는 길에 갓길 비포장...
차들은 쌩쌩 달리고... 어쩔 수 없이 비포장 길을 달렸어요.
어? 펑크 안 나네? 말이 끝나기 무섭게 펑크가 나버렸네요.
주유소까지 끌고 가서 대야와 물을 빌렸어요.
펑크를 찾는데 공기가 안 나와! 없어! 공기 주입을 안 했구나...
우여곡절 끝에 고쳤답니다. 비록 2시간이 걸렸지만...

화이팅

DAY 8
액땜하는 날

최고기온 12.6℃
최저기온 3.2℃

이동거리	대구	14km	교통비		1,200₩
총 거리		481km	충전기		10,000₩
지출	김밥, 라면(점심)	1,800₩	찜질방		6,500₩
	정비/구매	14,000₩	총 예산		1,565,505₩

대구광역시

불법 노점상

배터리들에게 밥을 먹이며 웹툰을 봤다.
일하는 아저씨가 여기서 충전하면 안 된다고 하길래 여행 중이라고 양해를 구했다.
얼마 뒤, 확인해 보니 충전이 안 되고 있었다.

혹시나 해서 옆에서 해 보니 안 된다. 선풍기도 안 켜진다.
아저씨가 분전반을 꺼버렸구나!

다른 기기가 되는 곳을 찾아 꽂았다.
으악!!!!!! 충전기가 고장 나 버렸다.
제품 판매자에게 전화를 하니 과전압으로 인한 거니 새로 보내주겠다고 한다.
음... 어... 어떻게 받지? 일단은 집주소를 불러줬다.
아뿔사... 이것 때문에 집에 들려야 하는 것인가...

지금 가는 곳에는 아는 형을 보러 가는 것이었다. 부탁을 하고 대신 받아달라고 했다.
의심해서 미안해요~

근처 자전거 가게로 갔다. 주인 형(젊어 보임)이 옛날 생각난다며 저렴하게 해줬다.
누더기 된 것을 버리고 튜브 새로 갈고, 비싼 패치도 받고... 이제 출발!!!
30분 뒤에 뒷바퀴 펑크가 남...

그때 생각했다.
여기서 화를 내야 할까? 아니면 여행의 본질을 생각하며 긍정적으로 대처해야 할까?
다행인 건 20분 거리에 대구 지하철 종점역이 있었다는 것.
결국 지하철까지 끌고 가서 다시 수리하러 갔다. 확인하니 타이어에 무언가가 박혀있다.
만약 수리 직후부터 박혀있었다고 해도 30분이나 자전거를 끌고 갈 수 있었겠나...
모든 것은 나의 실수와 오해였다는 것.

수리받고 돈 드리려니 무상으로 해주셨다. 눈물 흘릴 뻔했음. 정말 감사합니다~

스마트폰 충전기를 일단 구매했어요.
고장난 건 멀티충전기...
내가 져서 근처 찜질방에 왔는데 6,500원.
시설 좋고, 충전의 자유에
서비스도 좋아요!

그런데 요거
다이어트에 좋네요!
58kg에서 53kg에
몸도 좋아지는 중...
비타민 부족함을 느끼기 시작했어요...
잔디 먹어야지... 뷁...

펑크가 계속

펑펑펑!

주인님 실력 향상 시키려고 계속

펑펑펑!

펑크 패치도 다 써버렸네...

덕분에 2시간 걸리던 게 40분으로 단축됐어.

고마워...

무... 무슨...
펑크가 이렇게 많아!!
누더기야... 누더기...

패치 다 쓰고 구멍 하나 남았음.

얼마 못 가서 또 펑크가 날까 봐 진심으로 두렵다.

VS

고장 나면 수리해서 다시 달려야지! 안 그래?

DAY 9
낙동강 종주길 따라 구미로

최고기온 12.3℃
최저기온 -1.1℃

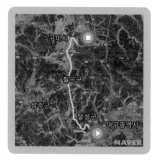

이동거리	대구-구미	39km	지출	비빔밥(아침)	4,000₩
총 거리		520km		김밥, 라면(저녁)	2,600₩
				찜질방	7,000₩
			총 예산		1,551,905₩

우와아아아~! 오늘은 제 생일입니다.
아침에 부모님께서 연락을 주셨어요.
생일밥이라며 문자로 미역국을 보내주셨네요.
고맙습니다~
음력이라서 솔직히 모르고 있었거든요.
그래서 비타민도 보충할 겸
저는 비빔밥을 먹었습니다!

여기가
친절한
자전거 가게

이제 구미로 가자!
형도 보고 배터리도 받고!

자전거 길이
상당히 잘 되어
있어요~

4대강 정비하는 듯?

오늘의 목적지 구미의 한 초등학교!
그 형이 초등학교 교사거든요.
기다리는데 사람들이 자꾸 쳐다봅니다.

눈빛이 '자전거여행
하느라고 고생하네,
신기하네'가
아님.

드디어 구미 도착! 꽤 수월하게 도착했어요.
자전거도 제 생일을 축하해주고 싶었는지 펑크를 내줍니다.
증상은 어제 때운 곳이 약간 벌어져서 공기가 새는 것…
그것을 떼고 다시 붙였어요.
이번에는 30분 걸림. 나름 늘고 있어요!!

형~ 바쁜 시간 내줘서 고마워!

DAY 10
포기란 쉽지만 시작은 어렵다

최고기온	11.1℃			
최저기온	2.8℃			

이동거리	구미-군위	29km	지출	김밥, 라면(점심)	2,150₩
총 거리		549km		수리/구매	19,000₩
				PC방	6,000₩
			총 예산		1,524,755₩

오늘만
펑크 네번째...

아...
펑크 10번 가까이 났음...
포기하고 싶어진다...

펑크가 너무 많이 나서 포기 직전까지 갔습니다.

누군가로부터 위로받고 싶다는 느낌이 마구마구 생겼드랬죠.

그리고 친구 한명으로부터 전화가 왔어요. 포기란 쉽지만 시작은 어렵다.

이런 상황이 왔을 때 생각해서 만들었던 문구였습니다.

그리고 다시 생각해봤어요. 지금 포기하고 집으로 돌아갈 수 있다.

그러나 석달간 자전거여행을 할 기회는 다시 얻기 힘들다라고...

나는 아직도 멀었구나.

까짓것 1~2시간
돌아서 걸어가고
고쳐서 출발하면
될 일이잖아!

곧 구미에 도착! 조금만 기다려!

석양이 멋있구나!

군위에는 찜질방이 없네요.
밖에서 자려고 물색했는데,
새벽에는 영하권이라는...
PC방에서 자야겠어요.

여행은 지금부터 시작이라는 말,
잊지 않을게. 고맙다!

DAY 11
하회마을은 안동에서 멀구나

최고기온 4.0℃
최저기온 -3.1℃

이동거리	군위-안동	69km	지출	USB케이블	5,000₩
총 거리		618km		하회마을	2,000₩
지출	김밥, 라면(아침)	1,800₩		찜질방	8,000₩
	닭갈비(저녁)	15,000₩	총 예산		1,492,955₩

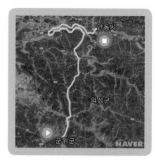

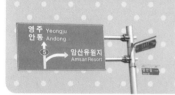

택시 승강장이 저렇게 되어있는 곳이 좀 많았으면...
PC방은 시간당 1,200원... 야간 정액 이야기했더니
알바분이 못 알아듣다가 군위에는 그런 것 없다고 하는군요.
잠도 안 오고 비싸고... 안동으로 출발할 생각으로 나와
혹여 시외버스터미널이 열려있을까 싶어서 갔는데... 이런 곳이!!!

안동의 멋진 모습을
담아가야겠죠?

마애선사유적전시관에
들렀습니다.

단체생활이 중요!
혼자는...

저 산 너머에
하회마을이 있겠지!

주차요금 받는곳
대형 4,000원
소형 2,000원
전방 100m

자전거를 끌고 관광할 수 있더라구요.
주차비 안 내도 됩니다~

이런 아랑을 ㅠ ㅅ ㅠ

하회마을 안에는 세계문화유산이라서
식당영업을 못한다네요.
그래서 입구에 이렇게 음식점들이!

마을을 코스대로 돌면 1시간.
풀코스는 반나절 걸린답니다.

사... 사람이 산다?
잘 사는 듯 차들이 반질반질하네요.
스카이라이프 달고 아기들 TV 보는 소리도 들리고,
민박하는 집들도 많아요.

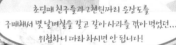
엿장도를 보니 옛날 기억이 납니다.
초등때 친구들과 2천원짜리 엿장도를
구매해서 몇 날며칠을 갈고 갈아 사과를 깎아 먹었던...
위험하니 따라 하시면 안 됩니다!

뭔가 잘못됐다.
오늘 갈 장소에 도착하면
이미 날이 저물어 가고
있을 즈음이다.

날이 저물 때까지 이동해서
다음날 구경하는 게 좋으려나...?

저녁은 이곳 하회마을에서 안동찜닭을 먹는 것이었는데... 숙소들이 4만원 정도! 안동시와 거리는 20여km라서 해가 지면 이동이 어려우니 아쉽지만 이동해서 저녁을 먹기로 했어요.

큰일이다!
해가 지고 있어!
그래도 복숭아빛이 아름다워~

끌맛이여!!

안동찜닭은 4인분짜리...
그래서 대신 안동닭갈비를 먹었죠~
마... 맛나다!!
안동찜닭집 8인석 테이블에서...

마트에서 잃어버렸던
USB케이블 구매!

DAY 12
고추와 반딧불이의 고장

최고기온 5.7℃
최저기온 -5.7℃

이동거리	안동-영양	53km	지출	김밥	1,800₩
총 거리		671km			
			총 예산		1,491,155₩

자전거 길을 따라
동쪽으로 갑니다.
길이 너무
잘 되어 있어요~

영양으로!

GO~ GO~ GO~!

안동의 모습.
사진작가 실력이 부족...

이제 안동을 벗어납니다.

안동독립기념관이
휴관이라니...

아니 되오!!
겉모습만이라도...

So~ Beautiful~

물이 있긴 한데
저대가 낮다는
느낌이 안나...

계속... 계속 올라갑니다.
오르막이 있으면 반드시
내리막도 나온다!!

나는 거짓말하지 않어!

Pea~ce!

정말 고추와 반딧불이가 유명한 듯

영양에 도착했지만 찜질방은 없고...

전통시장 공중화장실!
저기 선반 위에서
자면 되겠구나!

DAY 13
구자령, 그리고 자매 방문

최고기온 5.6℃
최저기온 -4.6℃

이동거리	영양-울진	77km	지출	빵, 음료	1,900₩
총 거리		748km			
			총 예산		1,489,255₩

자~ 자~ 오늘은 원래 후포를 가려고 했으나
그쪽 찜질방에서 수신용이 아니라며 전화가 안 가는 겁니다.

그러므로 후포에는 찜질방이 없다는 거죠!

잠시 쉬고가자!

한티재 해발 430m

와!! 눈이다!!
눈… 눈?

네이버가 저를
구주령으로 인도해주었군요.

ㅎㅎㅎ

다시 확인하니 넘어가는 길이
여기뿐이군요.

언제 이렇게
올라왔지?

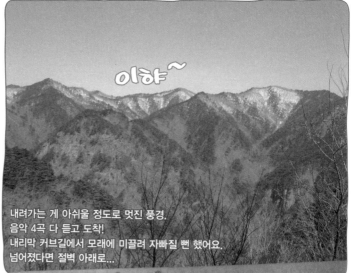

이햐~

내려가는 게 아쉬울 정도로 멋진 풍경.
음악 4곡 다 듣고 도착!
내리막 커브길에서 모래에 미끌려 자빠질 뻔 했어요.
넘어졌다면 절벽 아래로...

아... 싫다 터널...
정말 이 길밖에 없는 거임?

익숙한 울진마크

우와!! 정말 아름다워요!
저거... 길... 아냐??

매화중학교
여기서 축구도 하고
대민지원도 나왔던...
하여간 좀 자주 왔던 곳!
열심히 일하고 싸제 고기도
줄기차게 이곳에서 먹었던 기억이!

전역한 지 한달도 되지 않아 찾아오다니...
휴가에서 복귀한 기분입니다.

생각지도 못하게 많이 챙겨주시네요.
고기도 먹고 술도 먹고~ 기회 되면 저도 베풀어야겠죠!
보고 싶었던 후임들도 만나고 기뻤던 하루였습니다~

이병생활을 시작했던
그 순간이 담긴 의자네요.
아직도 있다니...
토나온다...

다시 그때로
돌아가고 싶지 않아!

DAY 14
울진은 관광지였다?
코스를 수정하자

최고기온 13.8℃
최저기온 2.4℃

이동거리	울진	14km	지출	성류굴	3,000₩
총 거리		762km		도시락(저녁)	2,600₩
				찜질방	8,000₩
			총 예산		1,475,655₩

성류굴입구
Seongryugul Cave

부대에서 반갑게 맞아주어서 기뻤습니다. 재정비하여 출발하자! 아자!
오후 1시가 넘어 출발을 하였고 동해까지 80여km이기에
울진에서 관광을 하고 일찍 출발하기로 결정!
태백까지 약 110km. 밤에는 추운데 찜질방도 없고 부담스러운...
7번 국도 근처 도로를 따라 북쪽으로 가야겠어요^^

울진에서 복무했었지만 한번도
가보지 않았던 성류굴.
평일이라 그런지 사람이 없네요.
입장료는 3천원!

티켓...
바람과 함께 사라지다...
주위 사람들까지도 당황...

어디에서든 안전은 필수!

어서 오십시오
"빛을 내뿜는 바위가 서식하고
있으므로 조용하게 관람하여 주시면
대단히 감사 했습니다."

직접 보면 훨씬 넓고 밝은데
폰카로는 그 느낌이 안 나는군요.

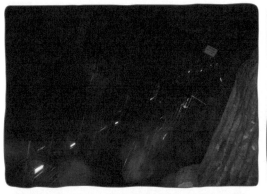

성류굴을 흐르는 하천 너머에
울진 공설운동장이 있어요.
그곳에서 팔각정을 봤는데 그때는 그게
성류굴 매표소인지 몰랐습니다.

언제 어디에서
무슨 일이 일어날
저는 모르는
거니까요?

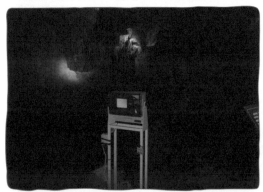

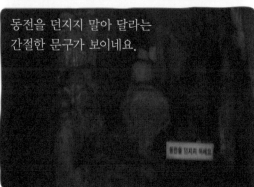

동전을 던지지 말아 달라는
간절한 문구가 보이네요.

보면 볼수록 신기하다!

물이 필요없는 화장실.
볼일만 보고 손 대지 말라는
강력한 문구들!

연인들이 쉬어가라고 만들어 놓았나 봐요...
진 옆구리가 시리네요...

망양정 광장에 도착!
많이 한산해서 좋습니다~

갔다 올게~
기다리고 있어!

탁 트인 풍경을 보고나니 가슴이 뻥~

시설들이 너무 잘 되어있어요
그런데 손님이 저 하나.

서울 외장하드 회사에서
전화 한통이 왔어요.
내 외장하드가
완전히 고장났다고.
거금이 들 것 같으니 그냥
새로 사야 될거라고...

이런!!

보고 싶을 꺼야.
내 군 생활의
기쁨조야!

그렇단 말이지?

울진군이 다른 군 지역보다
훨씬 큰 듯. 찜질방이 2곳이나.
전화로 미리 알아봤는데
모두 8천원이라서
시설이 좋은 곳으로!
그리곤 감기가 절 찾아왔죠...

DAY 15
7번 국도가 타고 싶은 날

최고기온 8.5℃
최저기온 2.9℃

이동거리	울진-동해	91km	지출	빵, 우유	3,200₩
총 거리		853km		선물세트	10,000₩
				총 예산	1,462,455₩

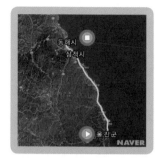

아침 점심은 꿀호떡 하나와 우유 2개로 연명!
나중에 맛있는 걸 먹으려면
이렇게 한푼두푼 아껴둬야...
그래도 한푼도 없이 동냥하고
노숙만 하는 하드코어는 아니니까!

죽변으로
고고!

삼척까지만이라도
가보자꾸나!

내 두 발로 강원도를 왔어!
경상도를 드디어 벗어났다.
사실 과거 울진은 강원도였답니다.

저기 보이는 잘 닦인 구번 국도!
해안도로의 무한 굴곡이...

낭만가도
Romantic Road of Korea

이... 이렇게 달렸으나 너님 따위는
이제 시작에 불과하다는 식의
무언의 표지판!

봄 바다가
시원시원하게 탁 트인 풍경으로
지친 몸을 보듬어 주는 것 같습니다.

동해 도착!!!

DAY 16
동해에서 좋은 친구를 사귀다

최고기온 12.8℃
최저기온   2.1℃
강수량   0.3mm

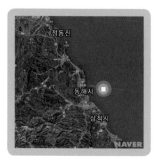

이동거리	동해	0km	지출	PC방	9,800₩
총 거리		853km			
			총 예산		1,452,655₩

비가 올 줄 알았는데 오후 늦게 비가 내리기 시작하네요.

달렸어도 괜찮았겠어요.

늦잠도 자보고 서울까지의 일정도 잡아보고.

못 봤던 드라마도 보았어요.

일정을 짜보니 곧 있을 태백산맥 횡단이 가장 힘든 일과

가 될 것 같아요. 지금 긴장 타는 중...

동해에 이틀간 머물며 형의 지인분들을 만났어요.

그중 3명이 동갑이었는데, 좋은 친구를 사귀게 되었지요.

여행의 묘미가 점점 오르네요.

내일 비가 안 오면 강릉으로 출발할 생각입니다.

계속 신세만 질 수는 없죠^^

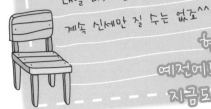

형~
예전에도 그렇고
지금도 그렇고
신세만 지다간다.
그리고 진급 축하~

Day 8
타이어가 펑펑
터질 때

친구 녀석이 전국여행
이름을 지어줬어요!
남한대장정!
ㅋㅋㅋ

DAY 17
강릉의 명물, 교동반점

최고기온 12.2℃
최저기온 6.9℃
강수량 5mm

이동거리	동해-강릉	40km	지출	열쇠 복사	5,000₩
총 거리		893km		교동반점	6,000₩
			총 예산		1,441,655₩

흠... 그새 자전거에 달려있던
전조등 하나를 떼어갔군그래.
거참 소박한 도둑일세.
열쇠도 여분이 있으니 다행이지...
하나는 그새 잃어버림!

철조망들이 보이기 시작했어요.
우리나라가 분단국가라는 사실을
상기시켜 줍니다.

20km
... 온 건가?

산 위에 크루즈도 있다! 멋있는데?

이것이
정동진 모래시계!

열쇠가게를
겨우 찾았어요.
오천원에 하나 복사!
원본은 다시 봉인...

밖에서 기다리는 줄이 있을 정도라니!
인터넷에서 평판을 알아보니
주인장이 돈맛을 좀 봐서 서비스가 뭐 같다는 말뿐...
추천해준 친구는 여기에서 짬뽕 맛에 눈을 떴다던데...
일단 기대하고 가봤습니다!

음... 보통 국물을 남기는 편인데 다 먹었다는 거?
맛 진짜 최고입니다!! 서비스도 처음부터 끝까지
친절했는데 왜 욕하는지 모를 정도로...

역시 소문보다는 발품 팔아서 직접 가봐야 하는 듯!

DAY 18
비 오는 날 강릉에
잠시 머무는 시간

최고기온 7.4℃
최저기온 -0.3℃
강수량 20.5mm

이동거리	강릉	0km	지출	감자전(점심)	5,000₩
총 거리		893km		택시비	2,400₩
			총 예산		1,434,255₩

일기예보대로 비가 내렸다.
해군 후임(지금은 친구)과 도서관을 찾았다.
친구는 학과 공부를 하고, 나는 관심이 많은
부동산 경매도서를 읽었다.

눈이 미친 듯이 내리기 시작합니다.
내일 출발할 수 있을까...
3일 연속 머무는 것은 민폐니까요.

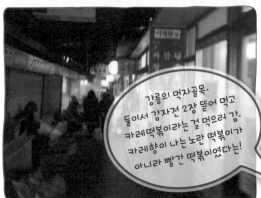

강릉의 먹자골목.
둘이서 감자전 2장 뜯어 먹고
카레떡볶이라는 걸 먹으러 감.
카레향이 나는 노란 떡볶이가
아니라 빨간 떡볶이였다는!

서 있을 때나 굽힐 때 약간의 욱신거리는 통증이 있어요.
이거 방지하려고 매일 준비운동도 철저하게 하고, 페달 밟을 때도 허벅지 근육으로만 했는데
(그런데 정말 그게 가능한 건가ㅋㅋ)

"평소 운동이 뭐죠... 먹는 건가요..."

이런 신념의 소유자께서 전국을 도는 데 여기까지 온 것만 해도 엄청난 거겠죠.

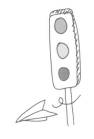

강릉까지 와 줘서 고마워, 내 몸아~ (미시령도 넘어야 한단다?)
그리고 해리야! (예전에 키우던 욕심 많은 강아지 이름을 딴 자전거 이름)

사람들은 못할 것이라 말했지만 난 이미 하고 있고, 벌써 20%를 했다.
나의 평균 이하 체력으로도 하고 있다. 결국 정신력 싸움이라는 것.

안 된다라는 말은 하지 말자!
어떻게 하면 될 수 있게 만들까를 외치자!
눈이 내리니 이런 생각들이 듭니다!

Day 9
구미초등학교에서
♥

어떤 초딩 여자아이가
초등 남자아이를 울리는 장면 목격

DAY 19
아름다운 자취,
오죽헌과 낙산사

최고기온 9.0℃
최저기온 3.3℃
강수량 0.1mm

이동거리	강릉-양양-속초	62km		햄버거(저녁)	4,600₩
총 거리		955km		낙산사	3,000₩
지출	오죽헌	3,000₩		찜질방	8,000₩
	김밥, 라면(점심)	1,800₩	총 예산		1,413,855₩

친구야, 고마워~
어머니가 해주신 치킨과
너의 토스트는
평생 잊지 못할 거야!

강릉시에 밤새 9cm나 되는 눈이 쌓였다.
다행히도 아침이 되니 눈이 녹았다.
조심해야 할 것은 눈덩이들이 녹으며 떨어진다는 것이다.
투둑! 투둑!
전선 위에 있던 눈뭉치들이 상당히 위협적입니다.
이틀 동안 강릉 친구에게 신세를 지고
이제 오죽헌으로 향합니다!

입장료 3천원 내고
오죽헌 입성!

요즘 버스정류장이
다양한 디자인으로 변신 중인 듯!
버스정류장에 남겨진 문구! 잘 다녀오세요~

사물함도 있더군요!

율곡 이이 선생님의 10만 양병설은 정말 유명하죠.

이렇게 하는 거 맞나?

현모양처의 대표주자 신사임당

모여라~
자료야!

울곡 이 이

"무릇 책을 읽음에 있어서는 모름지기 한 책을 정독하여 뜻을 다 알아서 의심이 없은 연후에 다른 책을 읽을 것이요. 다독하는 데 힘써 바쁘게 넘어가지 말 것이니라."

– 율곡 이이

내일이면 저 태백산맥을 넘는구나.

낙산사에 도착했습니다.
자전거는 주차 관리하시는 분께
잠시 부탁드렸어요!

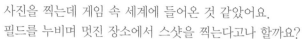

사진을 찍는데 게임 속 세계에 들어온 것 같았어요.
필드를 누비며 멋진 장소에서 스샷을 찍는다고나 할까요?

낙산사는 화재가 나면서 재건을 한 것이라고 하더군요.
그렇다면 지어진 지 얼마 안 된 것이라고도 할 수 있는데
그런 건물도 문화재가 될수 있는 것일까요. 궁금하네요.

어휴, 이런 곳에서 고향 사람의
자취를 만나니 반갑네요.~

한번씩 이런 질문을 받아요.
전국을 돌며 배운 거나 깨달은 것이 있냐구요.
음... 생각을 정리하고 무언가를 깨닫기 위해
여행을 하는 것은 아닙니다.
가장 큰 목적은 어떤 일이 발생했을 때 풀어낼 수 있는 문제해결능
력을 기르는 것이고
그 다음으로 많은 것을 보며 만화 자료를 모으는 것,
그리고 자신과의 약속 등이 되겠네요!

내일 미시령에 가는 관계로
고기류로 든든히 하려 했는데 안 보여요.
아쉬운대로 맥도날드로!

DAY 20
한 번 봐 주겠어, 미시령

최고기온 9.1℃
최저기온 -6.6℃

이동거리	속초-양구	65km	실, 바늘	2,000₩
총 거리		1,020km	떡볶이(저녁)	2,000₩
지출	산채비빔밥(점심)	8,000₩	찜질방	8,000₩
	버스비	5,900₩	총 예산	1,387,955₩

미시령에 도전하기 전에 만찬을 즐기고 가기로 하지요. 허허~
주인 아주머니께서 인심이 좋으셔서 공기밥 두개를 그냥!!

식사 후 자전거여행객 한분과 마주칩니다.
서로 인사를 나누고(그게 매너인 듯?)
방금 미시령을 넘어오셨냐고 물어봤어요.

올라갔다가 도중에 눈이 너무 쌓여서 내려왔다고 하며 터널을 통과하거나
히치하이킹으로 가야 한다고 합니다. 유료터널이라 못 지나가게 막을 듯 ㅇㅅㅇ;;
흠... 일단 올라가 보기로 합니다. 터널이든 미시령이든 신발 다 젖을 정도로 쌓여있다고 했으니
가지고 있는 비닐과 널려있는 풀을 끈으로 사용하여 걸어 올라가 보자고 판단했어요.
자전거를 끌고 올라가다 보니 자신을 한전 직원이라고 밝히신 등산객 한분이 눈이 많이 쌓여서
못 올라간다고 말씀해주십니다. 올라간다면 꼭대기까지 3시간 이상 걸릴 것이라고...
그래도 올라가 보겠습니다 ^^

얼마 못 가서 어르신분들을 만났어요.
2/3까지 올라가다가 포기하고 내려오시는 길이라고 그곳은 무릎까지 쌓여 있다고...

에잇!! 사진이라도 찍고 내려가 보자는 생각으로 다시 올라갑니다.
내려오는데 미끄럽더군요, 만약 정상에 도착했더라면 내려가는 것도 문제였을 것 같습니다.
결국 다른 산을 넘거나 터널을 이용해야 하는데 유료터널이라 보는 눈이 많아서
자전거로 가는 것은 포기하고 히치하이킹을 했는데 퇴짜만 잔뜩...
안 그래도 수줍은데 말이죠! 시외버스터미널로 향합니다.
인제로 가는 버스는 언제 있나요? 이렇게 묻는 게 아니었는데... 2분 뒤랑 3시간 뒤라고 한다.
인제는 잘 곳도 없고 목적지도 흠... 이라서 양구로 가기로 했다.
미시령 터널만 넘으면 20분 만에 가는 거리를 5,900원이나 받다니...
투덜투덜... 버스는 미시령을 가지 않았다. 북쪽으로 가서 고성을 들른 뒤
진부령(약 500여m)을 넘어 멀리 멀리 돌아서 목적지로 향했다.
결국 2시간이나 걸렸다는... 옆에 있던 아저씨 한분도 나와 함께 분노했다!

자전거를 타고 올라왔는데 500m짜리?
계속 올라가는 거구나.
백두대간 소속인 진부령보다 놀아짐.

이것을 전시에 북한의 남하시간을
지연시키기 위한 장치의 일환,
안에 폭탄 넣고 터뜨리면 길이 막히는...

660m!! 미시령이 700m이 넘는다던데
그걸 대신한 것으로 치죠.
그런데 꽤 쉽게 올라온 것 같습니다!

어디에서 왔냐며 이것저것
물어보시기에 잠깐의 대화를 했다.
저녁인 걸 아시고 더 주시더이다~

DAY 21
한반도섬이라고 들어보셨나요?

최고기온 12.0℃
최저기온 -5.2℃

이동거리	양구-춘천	57km	지출	점심: 김밥, 라면	1,800₩
총 거리		1,077km		저녁: 막국수	5,000₩
				찜질방	7,000₩
			총 예산		1,374,155₩

이런 건 처음 봐요.
자전거를 뒤해서 갓길을 깨끗하게
청소해 주오! 단속 차량을
여관광에 놀라 도망?

비뚜박스 레게~
삐끼삐끼!

독도임.
독도와 울릉도인 거임.
안 들렀다고 길이 없는 건
아니라고 믿음!

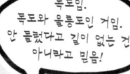

쭈뿌 쭈뿌!!

으아악!!
지리산을 올랐어!!
그렇다구요...

들어가지도 않았는데 엄청난 굉음...
무섭군요...

좌 하 하 하 하 하 하

그 후로도 몇 번이고 나타나 준 터널...

터널을 나오고 보이는 주위 풍경...
저곳을 어떻게 가냐...
새삼 터널의 고마움이 느껴집니다.

해발 600m
어제랑 높이가 비슷한데
경사가 있어서 조금 힘드네요.

퓨... 퓨마?

풍물시장 구경~ 옆에 아이가 있었는데 이것들 식용이냐며 물어봤었다는...
내가 봐도 내가 잔인했다. 오늘 토끼탕 파는 집을 봤는데, 그 잔상이 남아있었나 봅니다.

시장 구경을 하고 막국수집에 들어갔어요. 자전거여행 하는지 물어보셔서 여차저차 설명드리니
멋있다며 격려해주셨어요. 감사합니다!
가격을 알아보니 6천원으로 알고 있었는데 여기선 5천원에 팔아서 은근히 천원 번듯한 기분!
강원도에서 원조할매부터 시작해서 막국수 간판을 많이 봐서 먹어봅니다!
어쨌거나 파이팅을 외쳐주시던 좋은 분이셨습니다!!

DAY 22
무리해서 왔건만...

최고기온	11.5℃		
최저기온	-1.5℃		

이동거리	춘천-철원	99km	지출	빵, 우유(점심)	3,300₩
총 거리		1,176km		김밥, 라면(저녁)	2,200₩
			총 예산		1,368,655₩

춘천에서의 처음 계획은 닭갈비를 먹는 거였지만
혼자라는 이유로 포기를 합니다. 다음에 맛있게 먹자!

오늘 계획은 춘천에서 철원으로 무리하게 움직인 다음에
비가 오는 이틀 동안 쉬고 철원고지를 방문.
동두천으로 이동! 하는 겁니다.

춘천댐을 지나~

다시 가자!!

38선에 도달합니다!

으악!!

날 그렇게
보지 말란 말이지~

저 가파른 산이 보이시나요.
여긴 계곡입니다.

오늘은 금수강산버전이지만
순조로워요~

지금 산을 또 넘어야되는지를
알아 보기 위해 물의 방향을 봅니다.
나랑 반대로 흐르는군...

강원도도 곧
끝이 보이는 듯

순조로웠다. 너무나도... 군부대가 계속 보이고,
군용차량도 많이 보이고... 훈련 중이었는지 요란한
소리도 들리는... 혹시나 해서 지도를 보니 7km나
다른 길로 가고   있었다. 그리고 길을 또
              잘못 든 분인!
              돌아가기 너무 늦었다.

다시 검색해 보니 다행히
앞으로 가시란다!

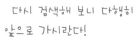

정말 다행이다. 해가 지기 전에 도착했다.
해가 지면 비닐하우스에서 잘 기세로 왔건만!
찜질방을 가니 10일 전에 망했더라구요. 유치권 행사 중... 망했다!

철원에 있는 초등학교. 저번처럼 놀이터에서 자볼까 해서 갔는데
저렇게 불이 환하게 켜져 있더라구요. 이건 내가 위험해...
학교가 노숙하기 괜찮은 이유 중에 하나가 단상쪽에
이렇게 콘센트가 있을 가능성이 높다는 것!

초등학교 천정이 있는 곳에서
자기로 결정했는데 30분쯤 지났으려나
경비분이 와서 나가라고... 그냥
여기에서 조용히 있다가 가겠다고 하니
절대로 안 된다고...

CCTV로 날 미행한 거야?

아... 터미널에서라도 자야겠다 싶어서 갔는데 사람들이
한두명씩 왕래하는 겁니다! 날 밝아질 때까지 그냥... 웹툰이나
봐야겠네...
내일 비 오고 저녁에는 눈이 온다네요. 철원 고지 보고 연천에서
머문 다음에 동두천에 가려고 했는데 바로 동두천으로 가야겠어요.

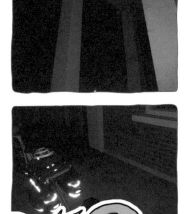

버스터미널 화장실에
붙어있던 문구

남자가 흘려야 할 것은 눈물만이 아닙니다.
용변을 보신후엔 단추를 꾸욱~눌러주세요.

**그렇지. 눈물만 흘려선
안되지ㅋㅋㅋ**

DAY 23
강원도의 마지막을
빡시게 아자아자!

최고기온 7.8℃
최저기온 0.4℃
강수량 15mm

이동거리	철원–동두천	55km	지출	김밥, 라면(아침)	2,800₩
총 거리		1231km		순대국밥(점심)	6,000₩
				찜질방	11,000₩
			총 예산		1,348,855₩

24시간이라며...

잘 곳 없는 자전거 여행객이 실내도 아닌 실외에서 자는 것조차 용납해주지 않는 이곳에서 우리의 미래들이 무엇을 배우고 있을지 안타까울 뿐입니다.

드디어 경기도!!!

네이버 지도님, 저를 지금 어디로 데려가시려고...
아무리 봐도 이 길을 외치고 있을 뿐...
가방도 바퀴와의 마찰로 찢어졌네요...

아스팔트... 아스팔트가 보인다!!

양말을 꿰어요.
이런 건 또 언제 해보겠냐며
침을 내봅니다!

동두천 이정표가 드디어!

고생했어, 다리야!
도착하니 2시쯤.
사진을 찍는데 주인아줌마가
왜 찍냐며 놀라심...

기분이 좀 그렇긴 하지만...
어쨌건 국밥이랑 깍두기는
정말 맛있어요!

여행기념으로...
ㅇㅅㅇ

가방은 싼 게 비지떡이더라.
5만원짤 중국산인데 한달도 안 돼서
누더기가 되어버림... 어쨌거나 대수술 돌입!

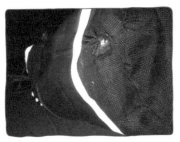

자전거여행의 어려운 파트는
지나갔네요!

동두천 **파주** 판문점 **임진각** 헤이리 **일산** MBC드림센터
인천차이나타운 인천상륙작전 기념관 **소래습지생태공원**
석촌호수 삼전도비 **예술의 전당** 여의도공원 **용산전쟁**
청계천광장 동대문시장 **평화시장** 한강공원 광화문
물향기수목원 평택 **아산** 대전 **엑스포과학공원** 관촉사
군산 채원병가옥 **익산** 전주 **김제** 미륵사지 **정읍**
순창고추장마을 **담양** 광주 **5·18추모관** 광주
전시관

문수산성 김포 **부천애니메이션박물관** 행주산성
서울 **보라매공원** 국립 현충원 **선릉과 정릉** 롯데월드
기념관 이태원 **농업박물관** 덕수궁 **서울시청광장** 남산
경복궁 수원화성 **구리** 남양주종합촬영소 **성남** 용인
논산 부여 **궁남지** 국립부여박물관 **서천** 동백꽃마을
동학농민혁명기념관 **임실치즈마을** 남원 **춘향테마파크**
시립민속박물관 **나주** 무안 **목포자연사박물관** 해양유물

Route 2

평지가 많은
서해안 코스

경기도-충청도-전라도

DAY 24
돌아가세,
오늘은 맨붕의 날일세

최고기온 6.9℃
최저기온 1.5℃
강수량 3.5mm

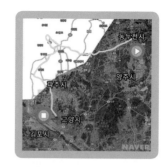

이동거리	동두천-일산	75km		김밥, 라면(저녁)	1,800₩
총 거리		1,306km		케밥	4,500₩
				찜질방	8,000₩
지출	된장찌개(아침)	5,000₩	총 예산		1,329,555₩

아침에 비가 계속 내렸다.
오전 중으로 그친다고 했으니 밥 먹으면 그치겠지. 5천원에 으헝으헝 맛있쪄!!
주인 아주머니가 친절하세요.
반찬 다 먹으니 더 주고 밥도 더 줄까?라며 물어보시더라구요.
마음 같아선 더 먹고 싶었는데...
자자~ 다 먹었으면
오늘의 목적지 판문점으로!

5천원에 으헝으헝 너무 맛있다!!

바로 옆 임직각관광지로
가봅시다!

드디어 통일로입니다.
이 길로 쭉 가면 도착!
호 동네가 저도심으로는 선만 나오네요.
어쩔 수 없는 건 알겠지만 너무 불편해요.

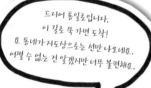

판문점 입구!! 하지만 못 들어갔어요.
TV에선 다들 사진 찍고 관광하고 그래서 검문만 통과하면 갈 수 있겠지 했어요.
들어가려면 사전에 이야기돼 있거나 3~4개월 전부터 여행사를 통해
예약을 해야 한다는 병사분의 친절한 이야기...
돌아 서서 다음 목적지인 임진각으로 향했어요.
그리고 들리는 그곳 후임병의 한마디... 눈이다...

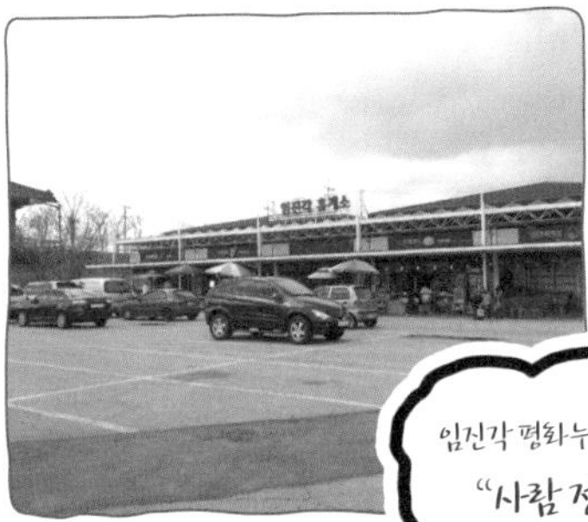

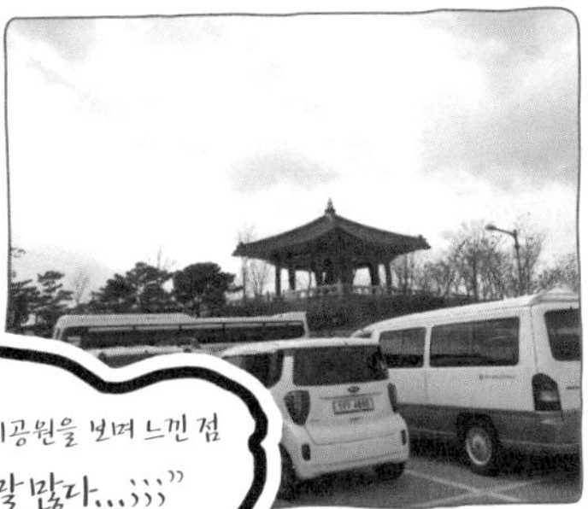

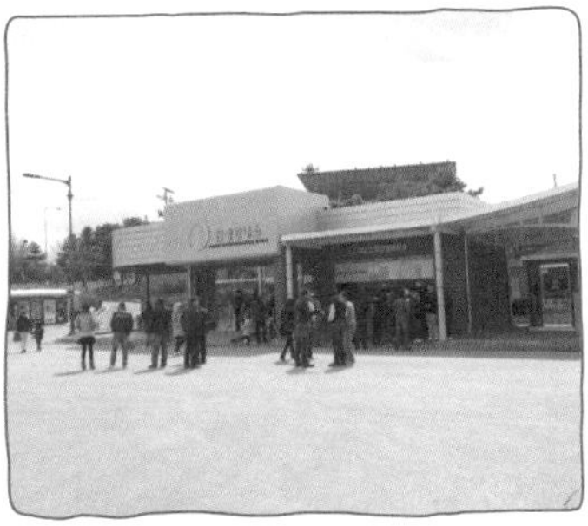

임진각 평화누리공원을 보며 느낀 점
"사람 정말 많다...;;;"

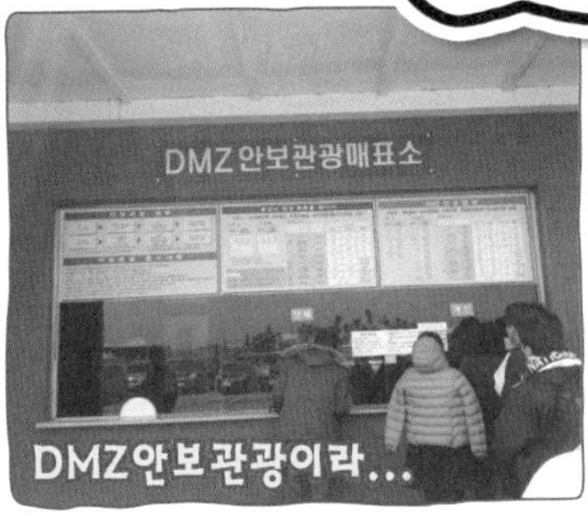
DMZ안보관광매표소
DMZ안보관광이라...

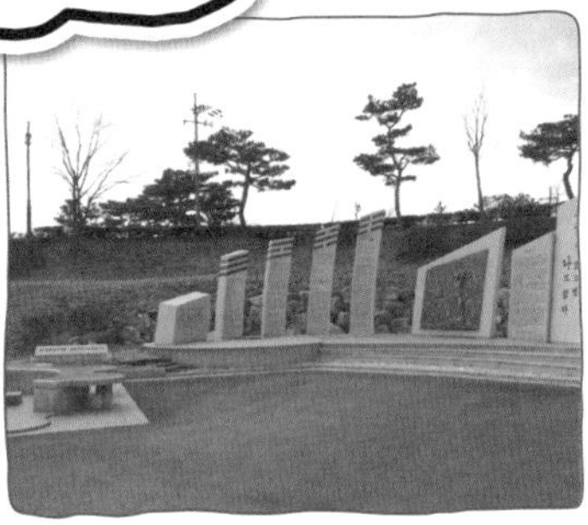

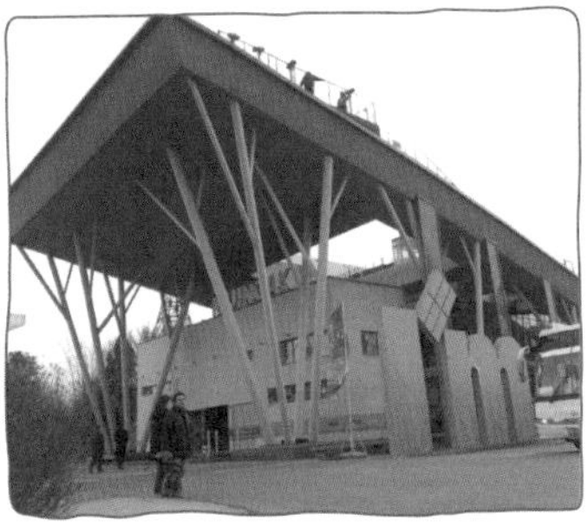

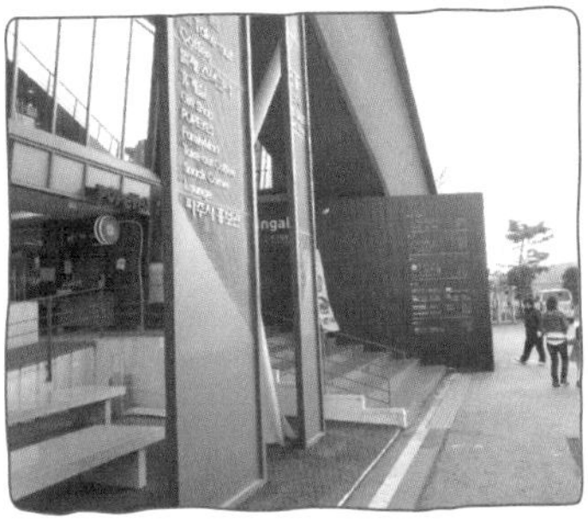

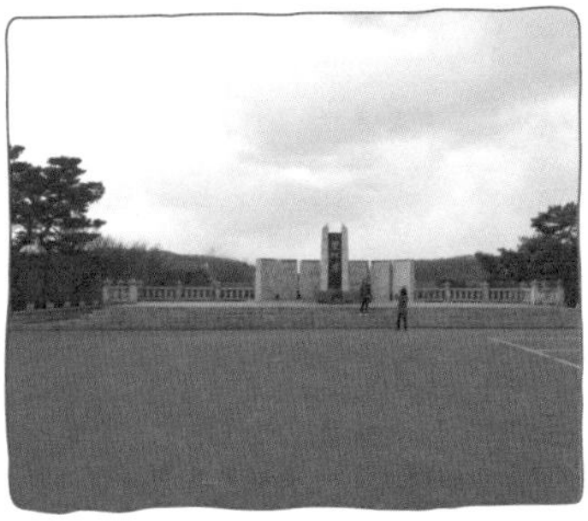

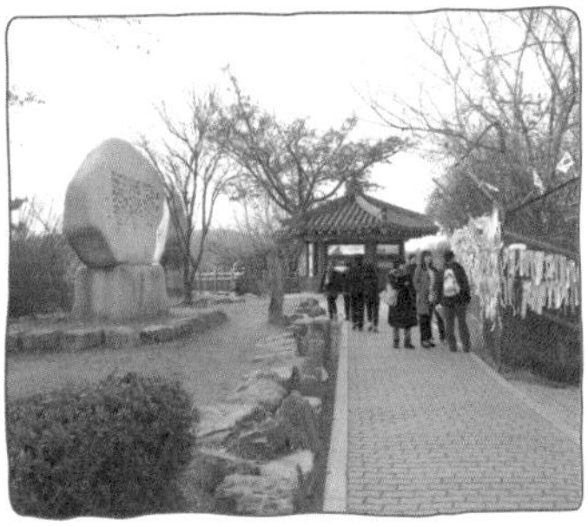

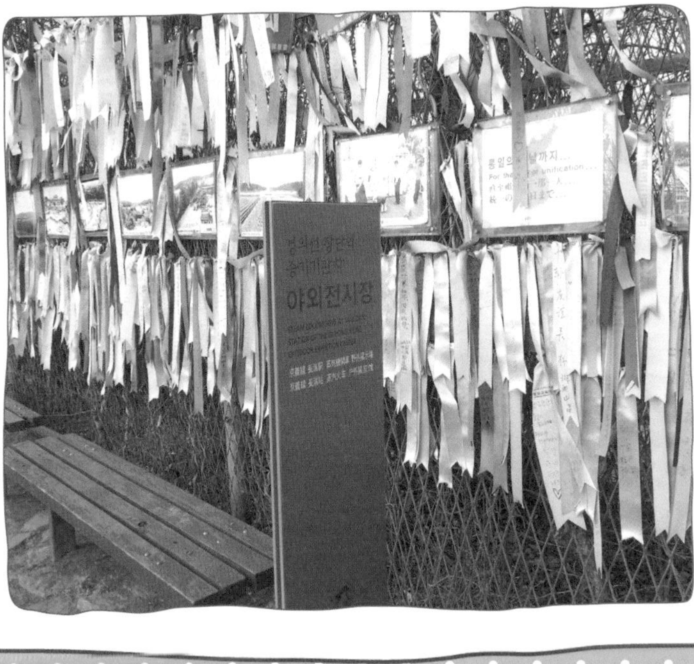
야외전시장

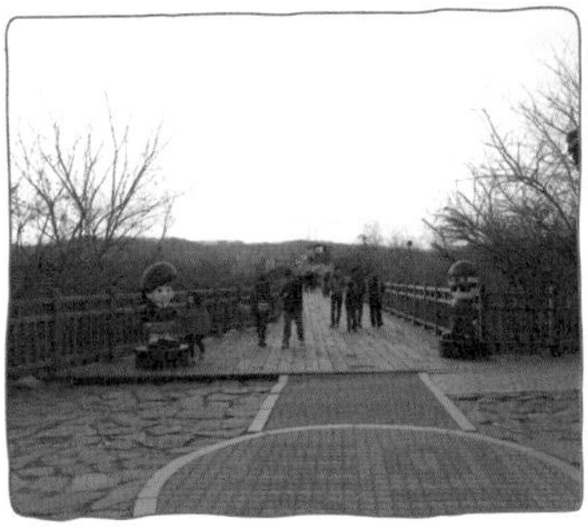

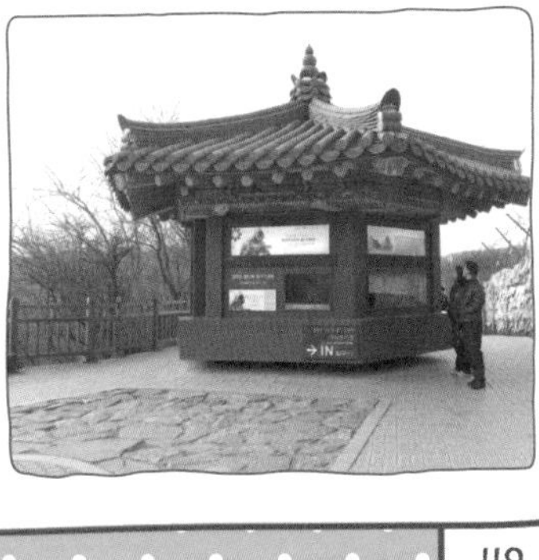

전쟁 이후 반세기가 지나고 나서야
발견된 증기기관차에요.
당시의 참혹했던 모습이
생생하게 남아있습니다.

자유의 다리입니다.
오랜 세월 수감되었던
만여명의 포로들이 풀려나며
건너왔다고 붙여진 이름이라고 해요.

판문점 못 간 아쉬움을 달래려고
근처 옥상에서 바라봤습니다.

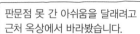

중국인 관광객들 정말 많습니다.

블로그 이웃분이 들렀다가 가신 곳!
페이 때문에 들어가지는 못하겠네요.

멋진 곳이에요.
제가 다 못 본 거겠죠?
거의 다 카페 ㅇㅅㅇ
주거단지도 있었는데 그곳은 안 갔어요.
사실 그림쟁이로서
예술가분들을 만나뵙고 싶었는데...

이 조각품을 보니 문득
애니메이션 에반게리온이 떠올랐다.
으... 보고 싶네요.
큐는 나왔으려나~

우와! 무슨 사람이 이렇게 많아!!

아... MBC
그분의 아래였구나...

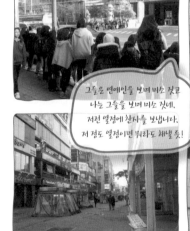

그들은 연예인을 보며 미소 짓고
나는 그들을 보며 미소 짓네.
저런 열정에 찬사를 보냅니다.
저 정도 열정이면 뭐라도 해낼 듯!

무한도전 촬영하던 곳 ㅋ
맞죠? 기억이 가물가물~

우와... 안에 사람 봐...
들어가는 건 포기하자...

이 동네에 오니
먹고 싶은 게 너무 많아~
돈 쓰는 제끼에
눈을 뜰지도 모르겠어
+ ㅁ+

오늘은... 3월 24일...

DAY 25
믿을 놈은
오직 직감뿐이따...?

최고기온 7.7℃
최저기온 0.9℃

이동거리	일산-문수산성-김포	59km		지출	식량	40,740₩
총 거리		1,365km			찜질방	5,000₩
				총 예산		1,283,815₩

10시에 자서 10시에 일어났어요. 많이 자면 피곤해야 하는데 개운하네요. 많이 피곤했던 듯...
1+1 샌드위치라서 샀음 ㅋ 맨날 김밥 라면은 힘들어요~ 사는 김에 총 4만원어치 샀어요.
한끼 2천원 기준 20끼를 버텨야 하는데 대구에서 샀던 4만원어치 효과가 오래가더군요ㅋㅋ
아직도 조금 남아있음!
가는 길에 낯익은 이름이 보이네요. 채선당이 뭔지 몰랐는데 샤브샤브 전문점이군요.

문수산성 곧 도착!

올라가는 길이 안 보인다.
여기로 다니기엔 너무 가파른데...

문수산성

다녀올 테니 기다리고 있어~

자, 가볼까! 뭐... 뭐지...

?!

차... 차가...

우측에... 우측에 길이!!!
내가 왔던 방향에서 길이!!!

죽어!! 죽어!!

문수산성입니다.
성문밖에 없네요.

계획대로라면 강화도로 가서 남쪽 길 따라 간 다음
강화도 남쪽 다리로 나오면서 다른 산성들을 보는 것이었는데
늦게 일어나버려 시간이 없네요. 다리 안 건너고 바로 수안산성 갑니다ㅋ

여긴 어디...
나는 누구...?

그... 그래!
남쪽이다 남쪽!

남쪽인 줄 알고 왔더니 강이 보이네요.
서쪽으로 달렸다는 것 ㅋㅋㅋ
그래, 저기가 남쪽 확실해!!
저 철조망을 따라가면 될 거야!!

네이버지도는
내 위치를 인천으로
계속 인식하셨고...

근처 건물들
검색해도 다른 곳만...

여긴 또 어디... 넌 누구...?

오로지 내 직감만을 믿고!

그 직감으로
이 지경이 ㅋㅋㅋ

이 길을 따라가니
아까 본 철조망이
나오더라...

수안산성 못 보네 ㅠㅅㅠ
미친 듯이 달려서 김포도착!

어쨌거나 살았어!!!

바나나우유 한개는 아까 배고파서 먹음.
저렴하게 자는 방법으로
찜질방은 없고 24시간 하는
사우나가 있는 듯,
야간으로 끊으면 보통 6,500원선에서
잘 수 있는 듯합니다.
근데 오늘 자는 곳에서는 낮요금인
5천원에 해주네요 ㅎㅎ
왜 이리도 기쁘지

DAY 26
다른 의미로 월요일이 밟다

최고기온 8.7℃
최저기온 -0.2℃

이동거리	김포-행주산성-인천	62km		화덕만두(저녁)	2,000₩
총 거리		1,427km		튜브 2개	16,000₩
				찜질방	8,000₩
지출	김밥, 라면(아침)	1,500	총 예산		1,256,315₩

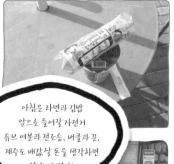

우역곡절 끝에
행주산성 도착!!

후후 기대됩니다.

아침은 라면과 김밥
앞으로 들어갈 자전거
튜브 여분과 전조등, 버클과 끈,
제주도 배값낼 돈을 생각하면
절약, 또 절약!

...뭐?
내가 여길 어떻게 왔는데!!
김포에서 다리 건너 왔다구 ㅠㅅㅠ
다음 코스가 롯데몰인데...

얼마나 크길래
전용도로까지 있네요.

롯 데 몰
전용도로
김포공항
진입불가

물 건너 온
남자란 말이다!!

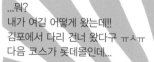

정말 웅장합니다.
음악도 웅장한 걸로 틀었네요ㅋ

직원에게 자전거 대는 곳 어딨냐고
물어보니 잘 모르겠다고 합니다.

직원이 이곳 지리를 모를 정도로 크다니
정말 길을 잃을지도 모르겠는걸...

롯데몰이 너무 커서 웬만한 물품은
있을 줄 알았다.
가방에 달 버클은 없다기에
자전거 부품이라도 사려고 왔더만
이렇게나 많네요~

정말 자전거 용품의 모든 것입니다 ㅋㅋ

돌고 돌아보다가 찾아냈어요.
내가 이겼음 직원님 ㅋㅋ

홍고기가 생각나 눈시울이 붉어진다.

(홍고기는 마트에서
일하는 친구입니다.)

크게 실망하고
다음 목적지로 빠르게 이동합니다.

여행지 중에 정말 가보고 싶었던
부천애니메이션박물관!!
제가 그림쟁이다 보니 그런듯합니다.

온몸에서 전율이 느껴집니다!
언젠간 제 만화도 이곳과 연계되겠죠?

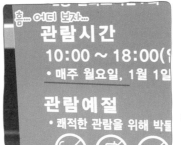

흠... 어디 보자...
관람시간
10:00 ~ 18:00(입
• 매주 월요일, 1월 1일

관람예절
• 쾌적한 관람을 위해 박물

아씪!! 아니 되오!!
'기대가 큰 만큼 실망도 크단다'
연타...

어쩐지 너무 한산하다 했어...
우우...
어쨌건 큰 다짐 한번 하고 다음 곳으로...

바로 옆 한옥집이라도
찍어가자...

한중문화관이 목적지는
아니었지만 이곳마저
월요일이 휴관일이네요...

온 세상이 붉어요 ㅎ
보이는 사람마다 중국인 같은데 다들 한국어 씁니다.
한국인이 더 많은가?
맛집이니 달인이니 TV출연 했다는 곳이 한집 건너마다 있음 ㄷㄷ

차이나타운 오면 그래도 저렴하게 무언가를 먹을 수 있을 거라 생각했는데...
아니네요...
그래도 왔으니 명물은 먹고 가야죠.

2천원짜리 고기 화덕 만두!
동전이 쌓여있어서 동전으로 사니
주인아주머니께서
고스톱 치시냐고 물음 ㅋㅋ
한개밖에 안 사 먹었지만
들어와서 앉아 먹으라며
물도 주시고 친절한 가게였어요.
맛은? 우오~ 또 묵고 싶음 ㅋㅋ
근데 비쌈... ㅠㅅㅠ

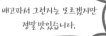
배고파서 그런거는 모르겠지만
정말 맛있습니다.

근처 공원 화장실을 이용했어요.
이런 포스터가 붙어있더군요.

왜 필까 담배...
자라는 몸에 해롭지
돈도 깨지지...
사회적 시선도
곱지 않은데 말이죠...

인천의 인심을 느낀 곳입니다.
사진을 못 찍어줘서
네이버지도의 도움을 얻었습니다.

정말 감사히 먹었습니다!

안내문
청소년 여러분!
공중화장실 에서
절대 담배 피우지
마세요!
ⓒ 인천광역시 중구청

차이나타운을 지나
인천상륙작전기념관으로 향하는 중
어느 분께서 여행 중이냐며
커피 한잔 하고 가라고 하셨어요.
밥은 먹었냐고 물으시길래
곧 먹을 거라고 했습니다.

사실 만두 하나에
가지고 있는 초콜릿으로
저녁 때우려고 했죠 ㅋㅋ

그리고 짜장면을 시켜주시던 ㄷㄷ
격한 감동을 받았습니다.

부부셨는데
자전거를 엄청 좋아하시던 분이셨어요.

인천 하면 떠오르는 인천상륙작전!
그분들을 기리기 위해 들렀습니다.

무언가 압도당하는 기분

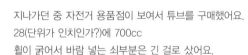
인천상륙작전기념관의
고요한 웅장함이 느껴집니다.

지나가던 중 자전거 용품점이 보여서 튜브를 구매했어요.
28(단위가 인치인가?)에 700cc
휠이 굵어서 바람 넣는 쇠부분은 긴 걸로 샀어요.

튜브 여분 2개와 바퀴를 분해할 때 쓸 스패너를 구매하려 했는데 없네요.
다음에 철물점에 가서 사야겠어요.

혹시나 싶어서 튜브에 바람을 넣어봤더니 들어갑니다.
간혹가다 튜브와 펌프가 맞질 않아
바람이 안 들어갈 수도 있다고
들었거든요.

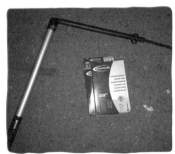

전조등은 당장 급한게 아니니
다음에 사도록 하죠.

DAY 27
드디어 서울 입성!!!

최고기온 10.9℃
최저기온 1.0℃

이동거리	인천-수원-서울	71km		수원화성	2,000₩
총 거리		1,498km		김밥, 라면(저녁)	1,500₩
				찜질방	7,000₩
지출	15mm스패너	2,000	총 예산		1,243,815₩

문을 아직 안 열었네요.
얼마 뒤면 10시니
생태공원을 들러보죠.

소래습지생태공원입니다.
네이버지도 밀호는 북쪽으로 쭉 돌아서
가라고 뜨더군요.
남쪽으로 가니 그 거리의 반도 안되던 ㅋ
시스템의 한계가 드러나는
시점이었습니다.

아이돌과 오면 좋을듯합니다.
여친과도... OTL...

네덜란드에 온 듯한 기분~

열었단다~

마파람에 게 눈 감추듯하다

마파람(남풍)이 불면 대개 비가 오기 마련인데, 그때 게가 겁을 먹고 급히 눈을 감는 데서 비롯된 속담이다. 조금만 위험하다 싶으면 잽싸게 눈을 감추고 숨어버리는 재빠른 모습에서 비롯된 것으로 음식을 허겁지겁 빨리 먹는 모습을 표현한 말이다.

어두육미(魚頭肉尾)

"물고기는 머리 쪽이, 짐승은 꼬리 쪽이 맛이 있다."는 뜻이다. 어느 시골의 가난한 아버지가 밥상에 올린 물고기 한 마리를 며칠 굶은 효심 깊은 아들에게 먹이기 위해 일부러 그렇게 말하고 당신이 머리 쪽을 드셨다는 부성애가 담긴 이야기다.

연목구어(緣木求魚)

"고기를 잡으려면 바다로 가야 하듯, 천하통일을 하고 싶으면 천하의 대도로 가라"면서 맹자가 천하를 통일하겠다는 제나라의 선왕에게 한 말이다. '나무 위에 올라가 물고기를 잡으려 하듯, 굳이 불가능한 일을 하려는 것'을 뜻한다.

수원화성 도착이요!

다른 자전거 동호회분들이
이쪽으로 끌고 올라가시던데
저는 무게중심이 뒤쪽으로 쏠려서
취청취청~

가는 길에 철물점이 보여서
스패너를 샀어요.
자전거 바퀴 풀 때 쓰려구요.
15mm짜리인데 업계에서는
잘 안 쓴다네요.
근데 다른 치수는 다 쓴다고 함 ㅋㅋ
요것만 안 써서 어렵사리 구했어요.

교과서에서 보던 수원화성의 모습이군요.
그려려니 했던 건데 직접 와서 보니
느낌이 다릅니다 ㅋ

현재와 과거가 자연스레 융화되어
조화를 이루며 공존해 나가는 모습이
인상 깊습니다.

계속 성벽을 따라가면 나오는
문화재들... 모두 보기에는 너무 많아서
근처 박물관으로 향했어요.

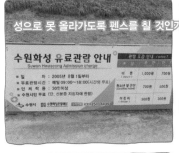

성으로 못 올라가도록 펜스를 칠 것인가?

아까 그 요금은 저 드래곤을 타고
돌아다니는 것인가?

자전거가 짐이라고
느껴지는 순간...!

이곳으로부터 세계 각국과의 거리

수원화성박물관과
앞마당 멀티들

거중기가 생각보다 작은 거였구나

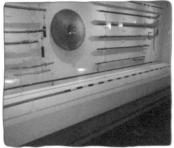

드... 드디어 인 서울이오!!!!! 으아앙!!!
여행의 1/3이 끝났어요 ㅠㅅㅠ
혼자 여행하지만 혼자가 아니엇기에 여기까지 왔겠죠 ㅎ

서울에는 볼 게 많습니다.
서울에서 남쪽 끝 찜질방.
이곳에서 서울에서의 6일간 계획을 다 짲어요.

부디 목요일 무도촬영도 볼 수 잇기를 ㅋㅋ

오늘의 저녁입니다. 아침, 점심은 작정하고 초콜릿만 먹엇어요.
그것만 먹으니 내 몸이 아닌 것 같아...

DAY 28
본격적인 서울투어 시작!

최고기온 15.8℃
최저기온 6.4℃

이동거리	서울	56km		선릉 정릉	1,000₩
총 거리		1,554km		햄버거(저녁)	1,800₩
				찜질방	8,000₩
지출	피자(아침)	1,980₩	총 예산		1,231,035₩

아침으로 1,980원짜리
피자 한조각을 먹었어요.
저렴한 건 아닌 듯...

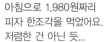

첫번째 코스! 보라매공원!
평일 수요일임에도 불구하고
엄청난 인파가 이용 중이더라구요.

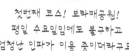

사람을 위한 공원이다. 정말...
다음 코스는 현충원!
오늘 볼 것이 많으니 어서 이동하게~

국립현충원이라 쓰고 낚시라 읽는다.
한참을 올라갔는데 지도를
다시 보니 여기가 아니랍니다...

우리나라 랜드마크 중 하나인
63빌딩이 저 멀리 보입니다.
초등학교 4학년 때 가족과 함께
서울여행을 했지요.
그때 저곳에서 구슬아이스크림이라는 걸
처음 먹어봤어요.
3천원 정도 했는데 양도 적고
당시 돈으로도 비싼편 ㄷㄷ
지금도 비싸네요 ㅋㅋ

군인들이 삼엄한 경계 근무를...
혹여나 못 들어가는 거 아냐?

그런거 없음.
조용히 주석에 자전거 대고 참배하러...

경건한 마음으로 참배합니다.

모자 벗구 향 뿌리고 묵념. 맞나...?
여기 근무하는 군인들은 계속 근엄한 자세로
서 있어야 할 것 같은데 조금은 마음이 아프네요.
서울이 코앞인데 그림의 떡이라니...
하품하는 걸 보며 지겹겠구나 ㅋ 병장인데도 필승당직 ㅋ
조롱하는 건 아니구요. 놀리는 거임 ㅎㅎ

근무지가 서울 한복판인 게 너무 부러워서 ㅠㅅㅠ

선릉 정릉 도착!

천원이요!
명소화라면 아깝지 않을 돈인데
가난하게 여행하니
좀 아깝네요 ㅋ

저 같은 사람이 전문지식을 가지고
여행을 다니겠어요 ㅋㅋ
알면 좋을 거고 몰라도
그립자룬에 쓰이늘 거니 ㅎㅎ

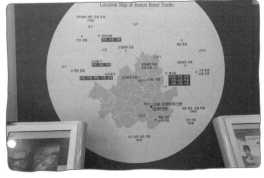

아무 데나 가면 안 돼요.
좌측이 왕릉의 신성한 혼의 길, 신도.
우측이 왕의 길, 어도.
저는 어도 로드의 길로 걷는 겁니다!

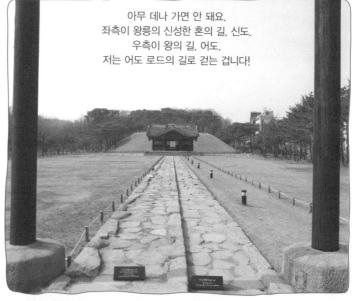

이곳도 마찬가지로
좌측이 신계, 우측이 어계

"레스트릭티드, 무슨 말이지?"
"음... 제한!"
"에어리어는 당연히 알지?"
"응"

초등학교 4학년 정도로 보이는
아이와 엄마의 대화...
쩝...

다음 코스는...
우리나라에서 가장 비쌀 것 같은 경찰서...
왜... 강남경찰서를 코스에 넣은 거지?

우와... 엄청난 마천루들이다...

강남경찰서! 사진 한방 찍고 이동!

으아 추억 돋는다.
여행 왔을 때 아이스링크 타고
밤 늦게 나왔는데 이곳에서
함박눈을 보았어요.
정말 예뻤습니다.
특히나 눈 안 오기로 유명한 부산,
그곳 초딩이 보기에는
더하면 더했지요 ㅋㅋ

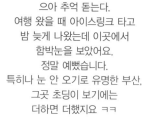

친구랑 장난삼아 5천원 이상하면
안 들어갈 거라 했는데
장난이 아닙니다.
ㄷㄷ

산전도비의 역사는 어지껍군호,
전쟁에서 승리하여 세웠다?
굴욕적인 비석이다?

롯데월드가 석촌호수 가운데
섬에 있는 거구나

지나가는 길에...
잠실운동장도 찰칵!

엄청난 거리다!

엔씨스프트 사옥?

여기가 테헤란로였구나...

바로 맞은편에는 넥슨 사옥?

〈빌딩부자들〉
책에서 봤던 빌딩

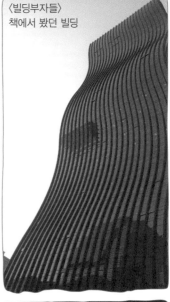

예술의 전당도 가보고...
안에서 볼 건 아니니 어서 이동!

앉아서 쉬는데 저 모습이 보임...
따뜻한 집과 따뜻한 밥이 그립다...

노숙의 계절이 다가온다.
날씨가 따뜻해지며 자는 비용을 아껴
음식다운 것들을 먹기 시작해야지.

늦었지만 마지막 코스인
서울대 입구에 도착!

DAY 29
이곳에 살고 싶어지네

최고기온 16.2℃
최저기온 5.9℃

이동거리	서울	30km	지출	선물세트	12,000₩
총 거리		1,584km		닭강정(저녁)	5,000₩
			총 예산		1,214,035₩

여의도의 모습입니다.
가슴이 마구 벅차오릅니다.

오늘의 첫 목적지
여의도공원에 도착했어요.
서울은 공원이 너무 잘 되어있구나.
여기에서 살고 싶습니다ㅋㅋ
이참에 여행 끝내고 살아버려?

역시 꽃이 피어야...
곧 진해 군항제인데
올해는 평년보다 추워
제시간에 꽃이 안 핀다네요.
어서 따뜻해져야 꽃도 보고
질 좋은 밥도 먹고 ㅋ

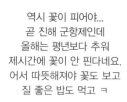
물이 다 떨어져 가던
찰나에 만난 음수대~

목적지 MBC 도착!
매주 목요일에 이곳에서
무도촬영을 한다는 말을 듣고
서울코스로 목욜 시간에 맞춰 왔는데...
촬영은커녕 조용하네요. 무척이나...
혹여나 무도팀 보게 되면
자전거랑 헬멧에 사인 부탁하려고 했는데
파업 중이더군요.
파업하시는 분들은 어딨는 거지?

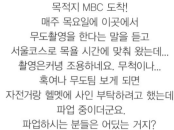

한강공원 너무 잘 되어있다!
살고 싶어! 으허억!

제가 근무했던 곳의 부대장님이 서울로 발령을 가셨어요.
그때 서울 가면 찾아뵙겠다고 약속을 하고 오늘 지켰습니다.

빈손으로 찾아뵙긴 그래서 작은 선물하나 들고 갔죠.
점심을 얻어 먹고...
(서양 뷔페였음... 쿨럭...)
생각지도 못한 용돈까지 주시고... ㄷㄷ
드린 선물은 지금 주는 게 아니고 마음만 받겠다며 박스만 가져가셨어요.

정말 잘 먹었고, 정말 감사합니다!!

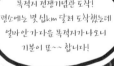

목적지 전쟁기념관 도착!
평소에는 몇 십km 달려 도착했는데
얼마 안 가 다음 목적지가 나오니
기분이 묘~~ 합니다!

6·25전쟁이 북한의 불법남침이라는 내용부터 시작해서 중공군의 불법개입 등의
내용을 다룹니다. 영어로 외국인들에게 설명해주시는 분들도 많음.
이곳을 보면 거의 외국인뿐...
외국인 가족들도 어린이들 데려와서 타국의 역사를 가르쳐 가치관을
형성시켜주는데 우리나라는 국영수 같은 스펙만 키우겠다는 의지...
역사는 고사하고 우리 아이가 최고니 하며 참된 인격조차 만들어주지 않으니...
안타깝기 그지없네요. (뭐... 목요일이라서 그럴지도 모르지만... 으흠...)

옛날 폭격기는 손수
떨어뜨렸구나.

시간관계상 1층만 둘러봤어요.

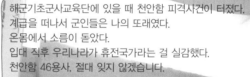

해군기초군사교육단에 있을 때 천안함 피격사건이 터졌다.
계급을 떠나서 군인들은 나의 또래였다.
온몸에서 소름이 돋았다.
입대 직후 우리나라가 휴전국가라는 걸 실감했다.
천안함 46용사, 절대 잊지 않겠습니다.

여기도 엄청 크구나.
국립중앙박물관.

여... 여기...
낯설지가 않아...
언제 온 건지는 모르겠으나
확실히 왔었다!
아니면 꿈일 테지...

학교 같은 곳에서 단체로 왔는지
사람들이 몰려있었다.
그곳에서 설명해주는걸
무료로 경청을 조금 했다.
기회가 되면 간송미술관 가서
전형필을 꼭 보라... 였음 ㅋㅋ

거기도 갈 예정이라 봐야겠네요!

UV가 논다는 이태원 도착!

정말
이런 곳이
있었구나.

빳친씨뻐리 너무 마나~
신기해서 보고 그들도 내가
신기해서 보네.

오늘의 목적지 이태원 이슬람 사원

안에... 들어가 보고 싶지만
왠지 그래서는 안 될 것 같은...

로마에 가면 로마법을 따라야 됨.
그럼 그럼~

Please,
close door always
for children.

So freezing! >_<

여기 왔다가요~
오늘은 서울에 자취하는
친구집에서 머무릅니다.

DAY 30
구름은 흐리지만 기분은 화창해

최고기온 11.9℃
최저기온 5.8℃
강수량 0.1mm

서울특별시

이동거리	서울	22km	지출	김밥, 라면(아침)	1,800₩
총 거리		1,606km		초밥뷔페(저녁)	40,000₩
				덕수궁	1,000₩
			총 예산		1,171,235₩

친구집에 짐을 맡기고
서울여행을 가보도록 하지요ㅎ

농업박물관,
농협에서 만들었을 줄이야...

무... 무훈입니다.
탐플렛과 그침사진을 챙김.
역시 이곳에 오길 잘했다니깐!
조선시대 백성들의 삶을 잘 표현해놨어요.
더 없이 좋은 자흔가되리라.

호미도 지역마다 달랐군요!

바닥에는 논이 있고!

정말 생생하게 표현해놨어요.
저도 엿 먹고 싶네요.

경찰분들 센스에 찬사를~

이러면 아무도 안 가져가나...

나이스~

마침 덕수궁에서
퍼포먼스를 선보입니다.
외국인 관람객들 진짜많음.
익스큐즈미, 스미마셍...
외칠 준비 먼저ㅋㅋ

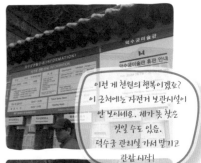

이런 게 천원의 행복이겠죠?
이 근처에는 자전거 보관시설이
안 보이네요, 제가 못 찾은
것일 수도 있음.
덕수궁 관리실 가서 맡기고
관람 시작!

덕수궁 내부에
눈에 띄는 건물이 보입니다.

서울시청. 광장 바로 옆에 있구나.
경찰들도 많이 보이고...

2002년 월드컵 때 수많은 사람들이 모였던 그곳!
막상 와보니 온몸에 소름이 돋습니다.

근처의 영동교회. 친구가
'그곳은 외국인이 많이 와서
영어 증진에 큰 기여를 할거야'라고
했는데 우리나라 사람뿐 ㅋㅋ

교회가 크긴 정말 큽니다.
평일 낮인데 사람도 많아요.
내부에는 들어가지 않았어요.

이곳 이태원의 경사,
구주형이니 뭐니 해도 수많은 산을 넘은
저에겐 남산 정도는 조금 높은 언덕일 뿐!

이제 남산으로 향해볼까.
한강 자전거도로를 이용하기 위해
진입하는 중.
이런 분위기도 좋아해요.

아니?!

좌측으로 가면 자전거길 직진하면 등산로,
둘러가기 귀찮으니 직진해봅니다.

자전거가 이렇게 가벼웠었나?
깃털 같아...

드래곤볼의 손오공이
무거운 옷가지들을 벗어 던진 듯한
기분이...
너... 너무 가벼워!!

미안해. 내가 잘못했어.
자전거 전국일주를 석달간 하려면
약간의 똘끼가 필요하단 걸 느꼈고
여길 올라가는 것은
더 큰 똘끼가 필요할 거라고 느꼈어요.
이곳이 작은 공원인데
운동하는 외국인이 쳐다봅니다.
부끄...

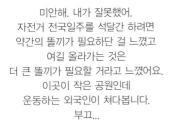  

도착!!
그런데 이곳을 자전거가 오르면 안 되다고 하더군요.
타고 내려가다 사고가 많이 나서
통행을 금지시켰다고 합니다.
제가 봐도 타고 내려갈 생각을 안 나더군요.
사람이 너무 많고 굽었사라 위험했거든요.
엘리베이터 한번 타는데 9천원...
쳇...

마지막으로 서울역 찰칵!
3일째데 일부지역은 지도 없이
이동 가능할 정도가 됐어요!

기분 좋음!! 내일은 브레이크 부분을
손 좀 봐야겠어요.
남산에서 내려올 때 손이 저릴 정도...

DAY 31
청계천을 시작으로

최고기온 10.1℃
최저기온 2.5℃

이동거리	서울	20km		드라이버	5,000₩
총 거리		1,626km		버클 끈	6,000₩
				교통카드	10,000₩
지출	토스트, 핫바(아침)	2,200₩	총 예산		1,148,035₩

늦잠을 잤어요. 일어나니 11시...
흠... 오늘 약속으로는 수원에 있는
사촌형을 만나는 것.
일정을 다소 간소화해야겠습니다.
동대문시장에 가서 패니어가방에 달
버클을 사는 것. 분명 못 찾아서 헤맬 것
이 분명하니 다른 곳은 가지 말자.

오늘 아침은 무려
토스트와 핫바!

구성은 이렇답니다.
간단한 구조 때문에 초보자인 저도
만진답니다.

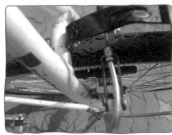

좋아! 잘 되는군 ㅋㅋ
저는 전문가는 아니라 맞는 건지는 모름...
다른 부분을 돌리면 조임 정도를 조절할 수 있다고 하는데
크게 느껴지지 않아서 저런 야매를 쓰는 겁니다.

이 녀석, 뒷바퀴 브레이크가 많이 벌어졌구나.
배운 것도 없으니 기능만 될수 있게 막 만져봅니다. 군대식이란 거죠 ㅋㅋ

며칠 뒤 갈 곳이 보입니다.

청계광장, 무슨 행사를 하는지
저 사람이 많아요.

잘 되어 있군요.
사람들도 많이 보입니다.

드라이버가 제대로
안 돼서 하나
새로 구매!

이곳이 동대문시장, 평화시장이구나.
상상하던 것과는 많이 다르게 생겼다.

자전거 묶을 곳이 안 보여서
가로등에 묶었어요.
사람들이 많이 지나다녀서
누가 손 대지는 않겠죠?

이제 수원으로 가볼까요.
미리 알고 수원에서 있을 때
만났으면 OTL...
T머니카드가 없어도
나라사랑카드가... 있어요...
지하철을 탈 땐 철판 깔고 타야 됨 ㅋ
주위에서 수군거려요. 아~ 왜?
자전거도 타라고 계단에
자전거 경사로도 만들어줬잖아!!

사촌형을 만나고 뭐가 먹고 싶냐길래
간단하게 햄버거를 먹자고 했다.
그리고 간단한 식사와 대화로 헤어졌다.
시원섭섭하게 말이다.
이럴 땐 식사류로 해야한다는걸
깨달았어요.

어쨌거나 다시 지하철을 타고 서울로...

며칠 전 만나기로 했던 이종사촌형을 못 봤는데
아직 저녁이고 지금이 아니면 못 볼 것 같아 만났습니다.
저녁을 얻어 먹고... 또 먹어?! 들어가는 걸 ㅋㅋ 형들 고마워~
서울은 막차가 평일보다 주말이 1시간가량 일찍 끝나더군요...
컬쳐쇼크! 부산은 더 하지 않았던가...
서비스업이라 주말은 더 운행하고 월요일쯤에 빨리 끝날 거라고 생각했는데...

지하철 안내소에 물어보니 자전거는 토일, 공휴일에
맨 앞뒤칸만 이용 가능하고 접이식은 언제든지 가능이라네요.

DAY 32
한강공원 체험

최고기온   9.4℃
최저기온   0.6℃

이동거리	55km	지출	선물세트	12,000₩
총 거리	1,681km		짜장면, 탕수육(저녁)	15,000₩
		총 예산		1,121,035₩

으흠...
늦게 일어나서 11시에 나섰어요.
점심을 같이 하기로 해서 가는 길에
공원 구경을 좀 하려 했지요.

냅다 한강공원 자전거도로를 타고 노원구로 이동!
2시간 조금 넘게 걸렸어요.

한강공원을 많이 볼 수 있었답니다.

왜 맨날 늦잠을
자는 거냐...

누나가 신혼이에요.
옆구리가 시려오는구나...

감자탕을 얻어 먹고 출발!

언제 또 보려나....

여긴 화장실이고...

여긴 찜질방이고...

여긴...

cactus

양구에 찜질방이 하나 있는데
주인아주머니가 친절하십니다~

Day 20
양구의
찜질방에서

DAY 33
비가 오면 대중교통을 이용하자

최고기온 14.1℃
최저기온 3.5℃
강수량 22mm

이동거리	서울	6km	지출	경복궁	3,000₩
총 거리		1,687km		된장찌개, 붕어빵(저녁)	5,000₩
				PC방	2,800₩
			총 예산		1,110,235₩

서울특별시

NAVER

월요일이구나.
학생들을 보고 오늘을 본다.
무감각해졌다.
평일이든 주말이든...

비도 오고 해서 자전거를 두고
경복궁 구경 갑니다.

세종대왕

뒤편엔 전시관이?

광화문까지 가는 길에
수로가 있어요.
자세히 보면 1년 단위의
역사가 새겨져 있어요.
비어있는 곳에 채워질
내용은 밝은 것들만 있기를...

설렌다!!

다행치도 오늘은 휴관일!!

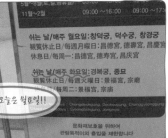

경복궁 보면서 자꾸 1박 2일이
생각나네요. 지나가던 초딩들도
1박 2일에서 봤다며
TV의 영향력을 느꼈어요.

많은 분들이 비를 피해 이곳에서 쉬어가시더라구요.
저도 좀 쉬다 갔어요.

청와대를 이렇게 볼 줄은 몰랐네요.
광화문으로 나가서 빙 돌아 와야할 줄 ㅋㅋ
경비가 삼엄한 게 확실히 청와대인듯...

경회루를 보려면 예약을 해야
하는거군요. 미리 알고 왔으면
좋았을 텐데...

경회루에 가니 문 닫던 ㅋ
저화 비슷한 처지의 외국인이 어깨 넘어 보길래 안내원이
이쪽 시더 잇턴 오버라고 하던가 벗겨게 말함...

오늘을 기해서
서울투어는 막을 내립니다.
본 것보다 못 본 게 너무 많아요.
비가 너무 많이 와서 오늘 가려고
한 곳도 못 가고 두개 봤네요.
경복궁과 청와대...
비가 그치는 대로 서울을 벗어납니다.
그리고 서울에 머무는 동안 거처를
제공해준 친구 녀석에게 감사를 ㅋㅋ

DAY 34
나에게도 협찬이?

최고기온 9.4℃
최저기온 1.1℃
강수량 35mm

이동거리	서울-구리	31km	지출	장비	70,000₩
총 거리		1,718km		찜질방	7,000₩
			총 예산		1,033,235₩

3시가 돼서야 출발을 합니다. 서울에서 자취하는 친구에게 신세 지고 가네요.
친구 동생도 같이 지냈는데 많이 불편했을 겁니다. 그래도 아무 불평없이 지내다 가게 해줘서 정말 고마웠어요~
고맙단 말을 못 해서 아쉽습니다.

친척 누나네 다녀오며 봤던 곳입니다. 가게가 큰 편이라 자전거 용품도 다양하게 팔 것이라고 판단했죠.
전조등과 후미등, 기름을 사는 거임!! 8만원짜리 전조등 USB충전식. 확실하게 조명보다 밝음!
고민하다가 저렴한 후미등을 보여달라고 했어요. 반짝이기만 하면 되기 때문에 ^^
사장님이 전국여행 중이냐고 물으시며 밥은 먹었냐고... 전조등을 7만원에!
짜장면도 시켜주시고, 오래 된거라며 3만원짜리 수리키트세트도 주시고...
제가 만든 폰 거치대를 보시더니 2개 달아주셨습니다. 그리고 이게 뭐냐며 야매로 고친 브레이크에 힐링도 해주시고,
체인에는 기름칠을 하사... 기름칠 덕에 소리도 안 나고 엄청 부드러워졌어요.
그런데 이 상태로 오래 타서 체인이 끊어질 수도 있다는...

게다가 협찬이에요 협찬! 이곳에 물건을 납품하는 곳인데요.
장난 반 진담 반으로 협찬해주시겠다고 ㅎㅎ
블로그에 하루평균 100명 정도 온댔지요. 파워블로거라며 해주시던. ㅎㅎ
실제로는 아니지만... ㅇ ㅏ ㅇ 기름 2통과 대만산 브레이크 패드를!!
브레이크 패드만 3~4만원어치... 자전거 후미등도 덤으로 얻었는데
사장님이 주신 건지 협찬해주시겠다는 분이 주신 건지는 애매모호함...
정말 감사합니다!! 내가 여행을 하며 협찬을 받게 될 줄이야.

으아 맛있게 잘 먹었습니다!
배보다 배꼽이 더 큰 구매!
정말 신세 졌습니다!!

강물이 출렁출렁입니다. 바람이 강하게 불어요.

아... 아니... 저기요?
왜 표정이 썩었어?
좀 더 밝게 웃어봐... 사장님처럼!

사장님은 전직 경찰이셨다고 합니다.
25년간 근무하셨고
그중 10년간 자전거로 출퇴근하신
자전거 마니아~

명예퇴직을 하신 후 좋아하는 자전거와
제2의 인생을 시작한 지 4년째라고...

저도 마인드가 좋아하는 일을 하며
사는 것입니다.

쉽지 않은 선택이셨을 텐데
본받아야겠습니다.

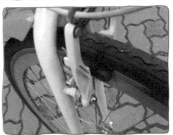

앞뒤 브레이크 패드 정비, 기름칠, 뒷거치대 x2, 전조등, 펑크수리키트세트, 짜장면을
7만원에!! 도와줄 거면 확실하게 도와줘야지라고 하셨던 게 잊혀지질 않는군요!

안녕히 가세요
서울에서 다시 만나요
See You

서울아 안녕!
즐거웠어~
생각보다 많은 사람들도
만났고!

자! 다시 나아가는 거임!!

저렴한 중국산 패니어가방의 지퍼문
제에 대응하기 위해 동대문에서 공수
해온 버클을 달았습니다. 아직 다 달
진 못했지만 걱정 한건 해결! 오늘도
가장 큰 메인 지퍼가 터짐...
오늘 너무 기분 좋습니다!

DAY 35
쉽게 얻은 것은 쉽게 사라진다

최고기온 12.8℃
최저기온 2.2℃

이동거리	구리-남양주-성남	77km		만두	3,000₩
총 거리		1,795km		비빔밥(저녁)	4,000₩
지출	남양주촬영소	3,000₩		찜질방	7,000₩
	토스트(점심)	1,500₩	총 예산		1,014,735₩

형광등 아래에서 켰는데 정말 밝다.

사촌누나가 하지 마라던
초콜릿을 아침식사로 때우고
남양주종합촬영소로 향합니다.

여기가 오늘 메인이죠!
여기에서 2km
산으로 끌고 가야 함...
젠장!

왈츠와 닥터만이하는
커피박물관, 레스토랑을
겸하고 있는 듯... 무려 5천원,
저는 그대로 발길을 돌립니다.

힘들지만 기대가 됩니다

공동경비구역 JSA를
여기서 촬영했었구나!

여기 선 넘어가면 탈북인 게야

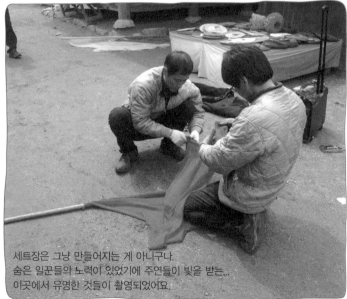

세트장은 그냥 만들어지는 게 아니구나.
숨은 일꾼들의 노력이 있었기에 주연들이 빛을 받는...
이곳에서 유명한 것들이 촬영되었어요.

소품들이 분위기를 한층 살리는 듯

운당(雲堂)

스캔들
Untold Scandal

왕의 남자
King And The Clown

황진이
Hwang Jin Yi

KOREAN TRADITIONAL MANSION

조선시대 사대부 집안을
세트장으로 만들었다네요.
전부 세트장;;;
정말 잘 만들었다.

거의 다 통제구역
일부만 보여주는구나

영화 찍을 때 블루스크린 보신 적 있죠?
그걸로 합성하는 건 다들 알고 계십니다.

그런데 이 영상을 보니
그것을 이용한 기술이 엄청나다는 것과
영화에서 안 쓰는 장면이
없을 정도라는 것 ㄷㄷ

너무 신기 ㅋ

법정 빌려가가 힘들다는 건 처음 알았음.
그래서 여기 촬영이 빈번하다네요.

우왕 미니어쳐!
이걸로 애니메이션 배경으로
쓴다는 거 알고 계세요?

이제 용인 기흥에 사는 해군 동기 보러~
내일 약속이거든요.

에버랜드는 가기 전 확인하니
입장료만 2만원 이상...

여기 자전거길 잘 되어있어요.
옛 기찻길을 아스팔트로 포장하여
자전거길로 만든 듯! 높낮이도 거
의 없는 평탄한 길~

배고파서 3천원짜리 만두를 먹었어요.
쿵! 하더니 자전거가 넘어짐...
바람이 정말 세게 불었어요.
다시 안전하게 세워두고 먹으러 감...

출ㅂ...?

넘어지며 부서졌어요.
죄송합니다. 으헝으헝;;
선물 받은게 24시간이 채 안 돼 망가졌
어!
고쳐주겠어...

난 포기하지 않아!

성남입니다.
자전거도로가 무척 잘 되어있어서
생각했던 시간보다 빨리 도착!

자전거 길이 잘 되어있었네!
올 때 이 길로 올 걸 그랬어.

뜬금없이 들어갔는데
흔쾌히 물을 주신 곳
이런 곳은 잘 되어야 함ㅋㅋ

너무 배고프다.
오늘은 배부르게 먹자!
4천원 비빔밥.

왠지 말이죠...
크록드롭님과도 못 만나는 건
아니겠죠...?

DAY 36
빨래는 공원에서?
수원은 삼세번?

최고기온 12.2℃
최저기온 0.8℃

이동거리	성남-용인	28km	지출	김밥, 라면(아침)	1,750₩
총 거리		1,823km		커피	250₩
				찜질방	9,000₩
			총 예산		1,003,735₩

용인에서 일하는 친구를 만나기 위해
달려갑니다.

거리가 멀지 않아
약속시간까지 뭘 해야 하나 싶습니다.

어... 두갈래길입니다.
우측이 잘 되어있지만 전 좌측입니다.

이곳의 물이 맑은 듯!
오리들이 보입니다.
사진에는 못 담았지만
어제는 다람쥐도 봤거든요^^

여기 오리도 키워?!

우올~
전라도도 며칠 뒤면 보겠구나!

이곳에서 두시간 죽치고 있다 가는 거임!
자전거길 마지막 화장실...
양말과 장갑을 빨고 실들이 가방 안에서
엉망이 되었던 것도 정리하고 친구 퇴근
시간에 맞추려면 뭐든 해야 하는데...
음... 그래! 오늘은 버클을 달기로 하자...?
바람이 너무 부네요... 빨래는 정말 잘 마
릅니다.

수원 자주 보는구나!
한국민속촌이 보인다!
오늘은 저기에서
시간을 때우자~

사극을 볼 때마다 뜨는 한국민속촌이 여기였단 말이지!

오오... 많은 자료가 될 듯!

가격이... 15,000원...?
잘못 본거지? 그르치?!
잘나간다 이거냐... 쳇...

용인시 등에서 지원금 나올 테고...
안 나온다 하더라도
촬영지로 렌탈해줄 때 비용도
장난이 아닐 텐데...

아... 아쉽다.
주위 사람들도 저랑 같은 반응들ㅋㅋ

걍 주위 돌아다니고 웹툰 보며 시간을
축냄! 친구를 만나서 벌집삼겹살을
얻어 먹었어요. 거의 2년 만에 만났음.
애가 너무 착해서 ㅇㅅㅇ
하고 싶은 게 있는 제가 부럽다네요. ㄷㄷ
그때도 찾을 거라고 했는데, 지금도...
찾길 바래 친구야!!

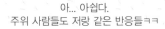

어?!

어...
찜질방 건물인데...
3월보다 추워요...

건물 주위를 돌다가
자전거 거치대를 찾았어요.
자전거 정말 많은 걸 보니
안 찾아간 것도 있는 거겠죠.
비싼 안장들도 있는데 못 떼가게 할 수
는 없나. 레버만 돌려서 다 가져가는...
내일부터 본격 남하!
강력본드로 자전거 거치대랑 거울
다 고침ㅋㅋ

DAY 37
아직 나뭇가지는 앙상하다

최고기온 11.0℃
최저기온 -0.9℃

이동거리	용인-평택	39km	지출	물향기수목원	1,000₩
총 거리		1,862km		찜질방	6,000₩
			총 예산		996,735₩

물향기수목원 도착!

아침식사로 어제 친구가 사준
비상식량, 초콜릿보다
식사대용으로 괜찮은 듯...

자전거는 못 들어가니 묶어둬요.

이게 뭐야!

으어...
진달래도 이제 막 조금 피기 시작!

너무 앙상해... 볼 게 없어!!
1/3만 보고 나왔어요.

올해는 춥구나 ㄷㄷ

오늘은 40km만 이동하고 찜질방에서 머물어요.
평택호관광단지 근처에 찜질방이 애매함.
일찍 자서 6시쯤 출발해야죠.

근데 여기 찜질방 6천원!
농촌 한가운데에 있어서 그런가 되게 저렴.
음식이 비싸다는 단점이...

가방이 무겁진 않은데
오래 매고 있다 보니
날개뼈쪽이 자꾸 뭉쳐요.
아픔 ㅠㅅㅠ

합체! 확실히 날아갈 것 같습니다.
대신 무게 중심의 확연한 변화는
감당해야 됨...

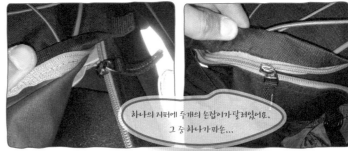

하나의 지퍼에 두개의 손잡이가 달려있어요.
그 중 하나가 파손...

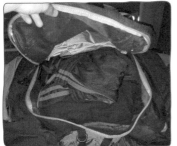

옷을 싣는 메인 파트라
어서 고쳐야겠습니다.

시간도 생겼으니 어디 한번!
ㄷ 모양입니다.

버클 5개를 콱! 박아주죠.

실이 십자가로 되어 있어서
올이 풀리네요. 라이터로 지져줍시다.

안 풀어지게 두세번 만에 기웠어요.

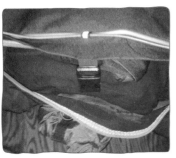

완성!!
주인님이 겉모습보다 기능성을
중요시 하다보니 흉물스럽기
그지 없구나...

DAY 38
길을 크게 잘못 들어섰다

최고기온 14.6℃
최저기온 0.7℃

이동거리	평택-대전	100km	지출	돈가스(점심)	4,500₩
총 거리		1,962km		비빔밥(저녁)	4,500₩
				찜질방	6,500₩
			총 예산		981,235₩

이게 전부구나.
식당이랑 모텔...
이곳의 테마는 없는 건가...

뭐? 충청남도라고?
내가 어느새
충청북도를 지나친 거임?
우울...

맛있는 점심! 배가 안 찹니다.
다음부턴 돈가스 못 먹겠다.
그래도 맛있구마~

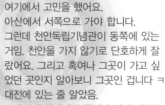

아산입니다.
여기에서 고민을 했어요.
아산에서 서쪽으로 가야 합니다.
그런데 천안독립기념관이 동쪽에 있는
거임. 천안을 가지 않기로 단호하게 잘
랐어요. 그리고 혹여나 그곳이 가고 싶
었던 곳인지 알아보니 그곳인 겁니다 ㅋ
대전에 있는 줄 알았음.
그래서 독립기념관 들렸다 다시 아산으
로 오기로 했어요.
그런데 가도 가도 끝이 없는... 독립기념
관이 이쯤이면 나타나야 하는데...
응? 이건 뭐여? 대전님은 왜 나오는겨?

네이버지도에서 확인하니
동쪽이 아닌 남쪽으로 이동했더군요.
그것도 돌이키기 힘들 만큼...
아... 몰려오는 짜증... 날도 덥고...
아!!! 그냥 대전으로 이동!

음? 내가 오늘 제정신이 아닌가...
길을 또 잘못 들었나?

얼씨구나~ 사람 갖고 노는구나~

여기가 세종시였구나.
차가 지나가는데 그중 한 차량에서
통통한 소년이 휴지를 휘날리며
파이팅이라고 외쳐줬어요.
저도 엄지손가락 들어줌 ㅋㅋ

급 기분이 좋아졌어요~
나란 남자... 단순한 남자!

도시 하나를 통째로 만드는 듯
엄청난 공사현장입니다.
온 세상이 노래요~ 뿌옇구 ㄷㄷ

한참을 지나 들어갈 곳이 보입니다.
차가 없을 때 건너감 ㅋㅋ

가운데는 자전거길, 정말 잘 만들었다!
저천 생각을 할 줄이야...
게다가 천정은 태양광발전기!

왔구나!

군대에서 만든 전국여행지도.
확인해 보니 코스 9개 잘림 ㅋㅋㅋ

다음 이동루트를 세워야겠습니다.

화요일은 크록드롭님 만나는 날인데
부여가 근처에...

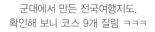

저녁은 비빔밥!
초콜릿은 밥을 먹든 안 먹든
계속 먹여댐... 몸님이 노하신 듯...

DAY 39
과학의 도시, 대전

최고기온 19.6℃
최저기온 4.5℃

이동거리	대전	25km	지출	학생식당(점심)	4,200₩
총 거리		1,987km		햄버거(저녁)	4,900₩
				찜질방	6,000₩
			총 예산		966,135₩

패니어가방을 뒤적이니
초코파이 하나가 나옴.
오늘 아침은 정으로 시작!

대전은 자전거 지원을
많이 한다고 합니다.
길도 잘 되어 있어요.

우연히 카이스트 만남.
여기에 있었구나.
대전하면 떠오르는 것도 없고,
네이버에서 관광지로는
박물관, 자연뿐이라...
과학엑스포를 가기로 했지요.

음...
이 동네 사람들은 뭘 먹고 사는가
봐야겠어요.

NII학생식당으로~

네가 배고파서가
아니라?!

건물이 많습니다.
이게 캠퍼스 라이프지.
나는... 흑...

길숙한 곳에 서식하는군요.
잡았다 요놈!

반찬을 몇 백원 단위로 마음대로 고를 수 있어요.
잘 고르면 저렴하고 배터지게 먹을 듯...
저는 처음이라 무식한 밸런스 ㄷㄷ
다른 사람들은 채소, 김, 요구르트 등 다양한데 ㅋㅋ

4,200원 식단에 배부르게 먹었어요.
못 골랐지만 그래도 학생식당이 짱인 듯!

자전거 천국 ㄷㄷ

요런 것도 있군요.
저도 예전에 모의투자했는데
9% 수익률을 냈었어요.
그리고 주식은 할 게 못 된다라는
생각으로 접었죠.
근처의 엑스포과학공원
7천원이라길래 돌아서려다
공원 입장은 무료라 해서 입장^^

밥만 먹고 나가는 거야?

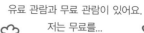 유료 관람과 무료 관람이 있어요.
저는 무료를...

날씨가 화창한 주말이라
가족 단위 손님들이 주를 이루네요.
특히 유아들 ㅇㅅㅇ
난 뭐지... 불청객인가...

엑스포라는 게 기업을 유치하여
행사를 진행하는 건가 보네요.
유명한 기업들이 건물 하나씩
지어놨더라구요.
게다가 유료...

여기는 무료다 무료!!

"엄마 엄마!! 저기서 놀아도 돼요?"
"안 돼."
"안 돼요?"
"제발..."
"안 돼."

벤치에 누워 쉬고 있는데 폭소 ㅋㅋㅋㅋㅋ

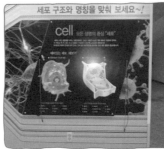

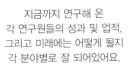

지금까지 연구해 온
각 연구원들의 성과 및 업적,
그리고 미래에는 어떻게 될지
각 분야별로 잘 되어있어요.

엄청 많은데 중간쯤 보다가
현기증 나기 시작...
지식이란 힘듭니다... OTL

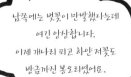

남쪽에는 벚꽃이 만발했다는데
여긴 앙상합니다.
이제 개나리 피고 하얀 저꽃도
방금까진 봉오리였어요.

대전의 남쪽으로 이동해보죠.
이 모습... 안동에서도 봤는데 ㄷㄷ

들어는 봤나 자전거 전용 건널목!
왜 그랬는지는 모르겠으나
보행자는 건널 수가 없어요.
그리고 저녁은 햄버거로...
4,900원.... 젠장...
먹은 것 같지도 않아...

맥도날드가 이벤트 중인데
대전 시내에 있군요...
4,200원인데 ㅠㅠ

내일은 저곳 논산으로!

DAY 40
관촉사와 궁남지

최고기온 20.6℃
최저기온 10.0℃

이동거리	대전-논산-부여	59km	지출	식량	14,200₩
총 거리		2,046km		관촉사	1,500₩
				찜질방	7,000₩
			총 예산		943,435₩

으어어어~ 늦게 자고 늦게 일어남. 점심 저녁을 호떡과 초코우유로 가는 거임.
초코파이는 덤. 비상식량이 아직 남았는데 그냥 샀어요. 초코파이 60개를 넣기 위해 짐들을 다 뺐어요...

생각해보니 가방이 너덜너덜 해진 건 바퀴와 마찰 때문이고 그것은 가방이 휘었기 때문...
그 이유가 자전거의 지지대를 사용할 때 발로 밀어서 그런 거였음...
결론은 패니어가방을 살 땐 지지대보다 위쪽에 있는 걸 사야 한다는 거...

★★☆

대한민국의 건장한 남성들이라면
대부분 와봤을 헬게이트 '논산'입니다.
저는 처음 와봤음.

관촉사에서는 1,500원의
입장료를 받습니다.
군인은 공짜!

4 부여 Buyeo
23 공주 Gongju

해가 지려 합니다.
논산에서 자고 갈랬는데 내일 비가 온답니다.
부여까지 20㎞ 정도 되는데
8만원짜리 전조등이 있으니 믿고 가봅니다.

안개가 정말 짙다.
습하고 더워~
티셔츠 하나만 입었어요.
이틀 전까지만 해도 풀세팅이었는데...

보령 56 ㎞
Boryeong
서천 51 ㎞
Seocheon
부여 17 ㎞
Buyeo

닭을 저렇게 키움...
안 도망가는 게 신기 +ㅇ+

'백제의 미소'
국립부여박물관

부여 도착!

궁남지를 오늘 정. 복. 하겠음!

폰카의 한계인가. 내가 쓸 줄을 모르는 건가... 야경이 정말 멋있는데 사진으로 남기기 어렵...

박물관 관리하시는 분이 친절히 설명해주시며 이것을 주셨음.
부여가 하루 코스라고 하시던...
시간도 줄일 겸 오늘 궁남지 야경 보러 가라고 하셔서 간 거에요.

내일 크록드립님 만나러 갑니다~ 여행 중 블로거 분과 첫 만남!
지금까지 어느 분은 잠수... 사정상 못 뵙고 그랬지만...

DAY 41
블로그 이웃을 만나다

최고기온 14.8℃
최저기온 9.6℃
강수량 2.5mm

이동거리	부여	5km	지출	부여박물관(+음성안내)	3,000₩
총 거리		2,051km		찜질방	7,000₩
			총 예산		933,435₩

부여군

비가 내립니다.
자전거와 짐을 찜질방에 맡기고
나섰어요.
오늘은 크쵸드림님 뵙는 날 ♡

국립부여박물관 자전거의 소중함이
느껴져요. 가까운 거리인데...

학교에서 수학여행 같은 걸 온 듯
관광버스가 줄줄이 와서
학생들이 줄줄이 쏟아져 나오네요.

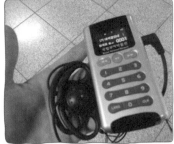

들어가다가 이런 것이 보여서 겟!

신분증과 3천원을 줬어요.
각 유물 근처에 가면 설명이 나온대요.
입장도 무료로 했고,
유물도 알고 보는 게 좋을듯 싶어서
말이죠.

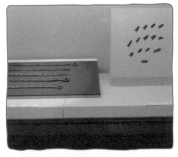

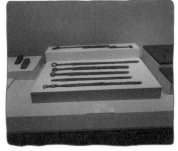

이게 뭘까요?
네~ 왕의 휴대용 요강입니다.
신하가 들고 다녔다네요.

그 신하는 남자... 였을까...?

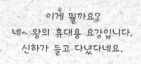

What is Hoja?

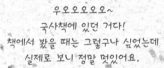

우오오오오오~
국사책에 있던 거다!
책에서 봤을 때는 그렇구나 싶었는데
실제로 보니 정말 멋있어요.

음성안내기에서
설명이 엄청 길게 나왔는데...

여의주를 문 봉황,
다섯 선비...?
사람들과 자연,
각종 동물들
등등...

수많은 것들이... ㄷㄷ

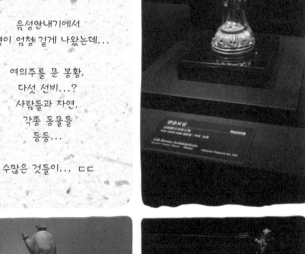

예뻐다~

관람이 끝나고
기념품가게를 둘러보았어요.

예쁘다~
음?

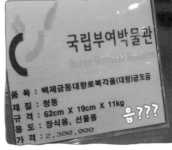

국립부여박물관
Buyeo National ...
품 목 : 백제금동대향로복각품(대형)금도금
재 질 : 청동
규 격 : 62cm X 19cm X 11kg
용 도 : 장식용, 선물용
가 격 : 2,300,000

음???

이곳에서는 여러 가지 체험을 할 수 있다는데 아쉽지만
크록드림님과 만날 시간이 다 되었음!
블로그 활동하며 처음뵙는 크록님! 점심으로 부여의 맛집 쌈밥 먹으러!

우와 진수성찬이다 + ㅂ +
이런저런 이야기도 하고 즐거운 시간보냈어요.

서코(서울 코스프레) 부스(가판대) 몇 번 해보셨다고 하셨는데
나중에 조언 좀 구해봐야겠어요^^

홍고기가 다음에 부코(부산 코스프레) 하자고 해서 말이죠~
제가 그린 그림으로 제품을 만들어 부스에서 물건을 팔아보고 싶어요.

잘 먹었습니다. 크록님~ 또 한번 이렇게 신세를 집니다.

음... 시간이 아직 있는데 관광을 할까...

그렇지. 패니어 가방이 찢어졌었지.

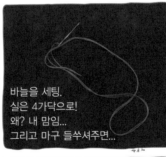

바늘을 세팅.
실은 4가닥으로!
왜? 내 맘임...
그리고 마구 들쑤셔주면...

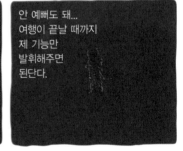

안 예뻐도 돼...
여행이 끝날 때까지
제 기능만
발휘해주면
된단다.

하는 김에
얼마 전에 달았던 요녀석...
느슨하네?
불안해 보이는
두 녀석을 손봐줬어요.

203

DAY 42
인상 깊었던 것은 오리뚝배기

최고기온 14.5℃
최저기온 5.8℃
강수량 0.5mm

이동거리	부여-서천-군산-익산	82km	지출	오리뚝배기(저녁)	7,000₩
총 거리		2,133km		찜질방	7,000₩
			총 예산		919,435₩

아침은 초코파이

그래서 초코파이입ㅠㅠ
옷이 안 들어가요.

감히 개 따위가 사람에게 덤벼?
마친 둘이 쫓아오길래 겁 좀 줬음~
왼쪽 개는 짓다가 사레 걸림...ㅡㅡ;;

동백꽃마을에 도착!
소설과 관련이 있을까
해서 왔는데...

조용한 시골인가?

그냥 시골이여?!

주무시는데 깨워서 죄송합니다.
친히 반겨주시오니 망극할 따름이옵니다.
가족 모두 관심을 ㅎㅎ

온 김에 물을 얻어가려 했는데... 휴관!

저기가 군산이옵니다, 장군!
OK!

가는 도중 공원을 만났으니...

음수대다!

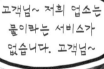

고객님~ 저희 업소는
물이라는 서비스가
없습니다. 고객님~

화장실! 화장실이다!!

방조제 건너가기 전,
이곳을 먹자타운인가...
배가 너무 고픔~

오리주물럭이 7천원이라길래
들어왔는데 2인분 이상이라고...
14,000원부터 라네요ㅠㅅㅠ

오리가 먹고 싶어... 오리가!!
그래서 오리뚝배기를...
잘 먹겠습니다~~

채원병가옥 도착~

여기 누가 살고 있는 건가?

아무도 안 사는 듯...

초등학교에서 노숙!
안 되면 관공서에서 자야죠.
그런데 너무 추워서...
오늘 최저날씨 확인!

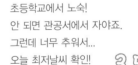

3도?!

ㅋㅋㅋㅋㅋㅋㅋㅋㅋㅋㅋ
ㅋㅋㅋㅋㅋㅋㅋㅋㅋㅋㅋ

어서 익산으로 가자... 해진다...

DAY 43
핫팩을 이제서야
생각해낸 것인가

최고기온 16.7℃
최저기온 1.9℃

이동거리	익산-전주-김제	72km	지출	정식(점심)	5,000₩
총 거리		2,205km		핫팩	10,000₩
			총 예산		904,435₩

김제의 미륵사지로 가겠습니다.

오늘 왜 이렇게 잘 나가지?
석조물이 나오는 걸 보니 다 와가는 듯

이게 미륵사지 모형입니다.
지금은 터만 남아있어요.
사학과 친구 말로는 뒤에 '지'가
붙은 곳은 터만 남은 곳이라고
하더라구요...

봤던 것 같은데?

백제의 기술이 가장 뛰어났다고 합니다.

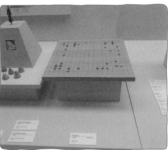

화장실도 센스있게~

허허벌판...
경복궁도 터만 남았으면 이런 느낌일까요...
저곳이 발굴현장인 것 같은데 가봅시다.

들어갈 수 있는 듯

아직 발굴중인 것 같아요.

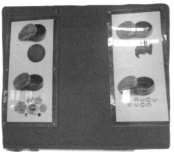

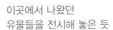

이곳에서 나왔던
유물들을 전시해 놓은 듯

정말
많다!

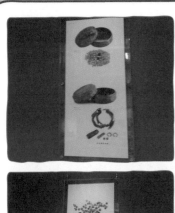

히히벌판...;;;

어....

초코파이
많이 먹었어요.

점심은 가정식백반! 들어가니 주인아주머니 왈... "뭐요?"
적거 앞에 당황... "네?"라고 했어요 ㅋㅋㅋ
나가려다가밥 먹고 싶어서 앉았어요. 주위에 밥 파는 곳이 드물더군요.

여... 역시...! 전라도 버프가 있긴 한 듯. 그냥 버럭 한 게 아니었음!!
맛있다~

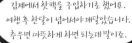
어느새 벚꽃이 많이 폈구나~

김제에서 핫팩을 구입하기로 했어요.
여행 후 한달이 넘어서야 깨달았습니다.
추우면 따뜻하게 하면 되는데 말이죠.

오늘 어느 시골 초등학교
천정 있는 곳에서 노숙합니다~

DAY 44
오늘은 쉬는 날이 없고,
그런 거였고

최고기온 13.3℃
최저기온 6.0℃
강수량 1.5mm

이동거리	김제-정읍	42km		과자	1,920₩
총 거리		2,247km		김치찌개(점심)	6,000₩
				찜질방	8,000₩
지출	국수(아침)	3,000₩	총 예산		885,515₩

어? 비다
여행을 하며 생긴 버릇 중 하나가
바로 기상/날씨를 자주본다는것이에요.
오전에 구름끼고 강수확률 30%
근처에 버스승강장이 있어서 다행...

노숙의 장점이 일찍자고 일찍 일어 난다는거~
8시에 자서 2시 기상 2시 30분 출발 ㅎㅎ
비싼것이 제 값을 톡톡히 한다는게 뿌듯합니다.

그러고보니 동학농민혁명기념관이 1시간 이내로 도착인데 말이죠.
새벽에 문을 열겠나... 정읍 가는 이유가 그거보는건데 일찍 일어나는 새가 뭐?
잠도 더 안오더라ㅋ

비가 내리고 그치길 반복하는데ㅋ
8시가 다됐는데도 0ㅅ0:

어느새 정읍 도착이고 오후엔 해가 좀 보인다고
했으니 기다려 봅니다. 일단 배가 무지하게 고
프니 3천원짜리 국수 한 그릇 하나.

기념관은 지나친 지 오래고...
임실로 지금 가면 어둑어둑 해질 테고,
치즈마을 보러 가는 건데 못 보고,
최저기온 3도에 찜질방도 없어요.

그럼 계획을 바꾸자.
오늘은 동학농민 갔다 와서 정읍에서 일찍 자는
것! 내일은 6시나 출발해서 임실 점심쯤 구경
후 남원으로 가 찜질이든 노숙이든 하는 것.
좋아좋아 ㅋ

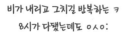

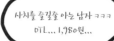

사치를 즐길줄 아는 남자 ㅋㅋㅋ
OTL...1,780원...

그리 멀지 않은 곳에 도초으악!

12지신 동상도 보이고...
꽤 있는 거지...

동학농민운동의 내용은 이렇습니다.
돈 있는 관리 등이 힘없는 자를 착취해서 봉기가 일어남.
진압 못 하여 청나라에 진압 요청.
일본이 조선의 자국민을 보호한다며 군대 보냄.
청일전쟁 발발...
동학농민 일본에게 패배 후 조선 식민지화...
3·1운동, 4·19혁명 등에 그 정신이 내려오고 있다고...

친일파
일본인
전봉준

분명히 오후엔 해가 보일 거라고
했는데 비만 자꾸 내리네요.

오늘의 마지막 식사.
김치찌개 백반.
하얇~

여행하니까 따뜻한 밥이
그리워 미칠 거 같음!

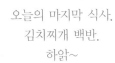

어머니가 잘 쓰고 가져오라시며
하사하신 비싸 보이는 선글라스~

충전은 요렇게~
어제 노숙은 나쁘지 않았어요.
오늘은 날이 또 추워지니 패스~
핫팩 4개는 까줘야 할 것 같아요.

DAY 45
치즈의 나라, 임실

최고기온 22.0℃
최저기온 4.7℃

이동거리	정읍-임실-남원	78km	지출	아이스크림(아침)	500₩
총 거리		2,325km		김밥, 라면, 요거트(점심)	2,600₩
				치즈돈가스(저녁)	8,000₩
			총 예산		874,415₩

으아~ 너무 늦게 일어났어요.
그래도 여유를 가지고 아이스크림 하나!

나름 배부르게 이것저것 챙겨 먹어 봅니다~

날이 좋아 빨래 좀 하려고
했는데 늦잠 때문에 바쁨 ㅋ

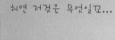

휘연 저것은 무엇일꼬...

오랜만에 산을 넘을 듯

정말 덥다
헉헉...

태양광 충전기가 너무 좋아요.
날이 더워서 폰충전 시키려면
자기도 팍팍 ㅋ

치즈의 고장
임실 도착!

치즈마을이 시골이군요.
어린이들도 많네요.
체험하는 게 많은 것 같은데
애들이 좋아할 듯합니다.
다음에 다시 와 보고 싶군요.

테마파크
고고씽?

이 길...
정문이 아닌 것 같은데...

치즈 만들어내!!

임실치즈테마파크
종합안내

문 닫힌 곳도 있고
예약만 받는다고도 하는...

친구랑 장난삼아
임실이란 곳 있는 거 아니야? 라며
농담 삼아 임실을 검색했을 때
깜짝 놀랐는데
이곳이 그곳의 발원지였구나~

미친 듯이 달려서 남원 끝자락 도착!

저번에 거울 쪽에 발랐는데
이번에는 저곳에 발랐어요.
조금 굳을 때까지 기다리고
붙여주고 굳으면 끝!

시골 초등학교가 조용하고 좋아요.
추워지니 오늘은 핫팩 두개 개봉!

DAY 46
빨래는 소량으로 여러번 하자

최고기온 24.5℃
최저기온 7.9℃

이동거리	남원–순창	45km	지출	김치덮밥(아침)	4,000₩
총 거리		2,370km		춘향테마파크	3,000₩
				햄버거(저녁)	2,900₩
			총 예산		864,515₩

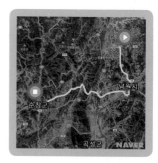

핫팩 천원짜리 2개로도
자는데 따뜻합니다.

어흑~
아침부터 터널이라니...

난이를 아침부터 죽고 싶지 않아!!
그래서 전조등을 켜습니다.
반짝반짝!

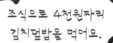

조식으로 4천원짜리
김치덮밥을 먹어요.

웬만한 관광지 티켓은
3천원씩 하는 듯합니다.

춘향테마파크 가는 길은
너무 아름다워라~

벚꽃을 보니 진해 군항제가 생각나네요.
아... 진해... 하... OTL...

내 아름답던 청춘이여~

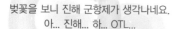

처음 마주치는 것이
박물관이에요.

에스컬레이터로 올라가야되요.
그럼 낯익은 얼굴이...
2005년도 방영을 했다니
오래됐구나...

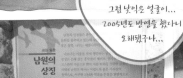

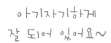

아기자기하게
잘 되어 있어요~

맹약의 단

춘향전의 기록처럼인 사랑의 언약을 맹세하는 곳입니다.
친구, 연인, 부부, 가족과 함께 언약의 맹세판에 서로의
손을 얹고 마음 속 깊이 간직해온 사랑의 언약을 말하
면 당신의 사랑은 영원할 것입니다.

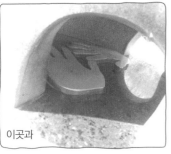

이곳과

이곳에

두 사람이 손을 넣으면
사랑인지 아닌지 뜬데요!
동전투입구ㅋㅋㅋ

손을 넣으니

사랑~ 사랑~ 내 사랑아~
굿거리장단이 맞들어지는구나~

난 나를 사랑해.
아... 아... OTL...
사랑해... 나님아~

**솔로천국!
커플지옥!**

놔라
좋은 말로 할때
놔라

사또느님 발령옴!

그냥 맘에 안 든다!
쳐라! 두번 쳐라!

ANG?

조선시대 공무원들의
바람직한 풍습

그리하여 오래오래
행복하게 살았답니다~
응?!

나오며 내려가니 먹자골목이기
이게 자리배치의 상술이구나 싶기

계속 끼긱끼긱 울어대서
기름칠 좀 해줬더니

이게 아닌거 같기

11시 30분인데 빨친 빨래나 해봅시다.

얼마 안 남았네요.

너... 너무 밟아... 비오고 계속 가방에만 있던 것들엔 곰팡이가 피어있었네...

찜질방 다니느라 거의 새거 였는데 세탁 한번에 켫이 됨...

어휴~ 고생했다. 학교측에 감사합니다. 쉬락은 안 받았지만...

이걸로 식사를 해결하고

6시간째 기다리는 중. 폰 배터리도 없는데... 으흑... 소량이라하면 뒤에 싣고 다니며 발쳤을 렌데 아직도 배울게 많은 듯...

해가 지려하는데 길이 산으로 향하네... 우리... 인간적으로 이러지 말자... 국도야...

5만원짜리 태양광충전기를 빨래 말리는 동안 태양 아래 됐는데요. 폰 10% 채우고 사망 ㅋㅋㅋㅋㅋㅋㅋㅋ 마데 인 차이나가 다 그렇지 뭐 ㅋㅋㅋ 용량이 3,500Ah인데요. 폰 두배 정도 되는양... 갑자기 표기 용량도 의심이 가기 시작 ㅋㅋㅋㅋㅋㅋㅋㅋㅋㅋㅋㅋㅋㅋㅋㅋㅋㅋ

산을 오르자 17km가 남았다네요.

최종목적이 순창공설운동장!!

공용화장실에서 전기 빼가 는 것이 목적! 사람 많을 것 같아 충전 다 되면 이동 하려 했는데 구석에 있어서 그런지 한 적하고 좋아요. 여기서 오늘 노숙입니다!

DAY 47
이곳은 민주화의 성지, 광주

최고기온 23.7°C
최저기온 9.0°C

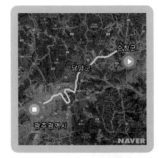

이동거리	순창-담양-광주	44km	지출	비빔밥(아침)	4,000₩
총 거리		2,414km		타코야키(점심)	3,000₩
			총 예산		857,515₩

체인의 모래기름 덩어리 때문인가
제거를 1시간가량 해주니
소리가 덜 남...

시커멨는데 10분간
비누칠의 성과~

이용이 적은 장애인용이라 그런지
쾌적하구만유~
바닥이 차가운 것 빼고는 괜찮~
박스가 있으면
찬 공기가 안 올라올 텐데...

이른 아침부터
순창고추장마을 기습!!

한적하다~

온 세상이 고추장입니다~
고추장의 향이 여기까지 납니다.

자전거가 무엇 때문에
말썽인지 모르겠네.
전문가의 손길을 빌려보자.

얼마 안 가 담양이 나옵니다.
담양하면 떡갈비랬는데 파는 가게는
드문 것 같아요. 가격도 비싸구요...
몇몇 가게의
떡갈비가 유명해서 그런 건가...

광주다!!
자전거야 버텨다오~

사람도 없는데 대충 냅두고 가야지.
누가 가져가려나...

이런 게 많아 보이네요.

향을 피워주고 묵념
옆에 설명서도 있군요.

5·18광주민주항쟁을
잘 보여주는 장소입니다.

이 소식을 전하기 위해
전라도 각 지역으로 전파를 했어요.
이때도 많은 사상자가
나왔다고 합니다.

찡~ 합니다.
문득 생각이 났어요.
당시의 군인들은 어쩔 수 없이 명령에 따라야 했겠지만
어떤 생각과 마음으로 살고 있을까... 라구요...

생각해 보면 해군. 정말 잘 간 듯!
이렇게 인연이 되어 전국 각지에서
신세 지며 가게 되니 말이죠.

오리고기 너무 맛있었어요.
집에서는 친구 어머니께서 과일과 토스트에 잼을 발라
주셨어요. 넘흐~ 맛있었고~ 잘 먹었습니다. 감사해요~

여수세계박람회가 5월 중순부터 시작이에요.
여수 도착할 때쯤이면 5일쯤이 될 텐데
마침 예행연습으로 하루를 연다고 합니다.
3만원짜리를 2천원에~ 선착순 4만명!
그래서 가족과 함께 지내고 싶더군요. 어린이날 ~

DAY 48
길을 잃고 정을 만나다

최고기온 16.1℃
최저기온 5.3℃

이동거리	광주-나주-무안	58km	지출	광주민속박물관	500₩
총 거리		2,472km		베어링 교체	20,000₩
				나주곰탕(점심)	7,000₩
			총 예산		830,015₩

친구 어머님이 주신 토스트와 용돈.
정말 정말 감사합니다~
투자라고 생각해야
부담이 줄어들 듯합니다~

광주 시립박물관,
광주 친구 추천으로 가봅니다!

응? 어제 손본 게 제대로 안 쪼인 듯...
엄청 위험했네요.
야매로 고치던 기술이 점점
정교해져 갑니다.
양쪽 조이는 정도를 최대한
비슷하게 만들어서 브레이크 작동시
휠이 한쪽으로 안 쏠리게 만들었어요.

넌 여기 있으렴~
사물함 조으다~

초딩님들이 너무 많아서 사진찍기가 힘들었어요.
기다린다고 앉아있는데 웃으며 삿대질 당했음...

나람이다
와하하하!!
깔깔깔!!

아유 마시쪄~

자전거가 자꾸 끼릭끼릭~ 결국 샵에 들렀어요.

너 뭐가 문제니, 음?

사장님이 몇 번 보시더니 베어링이
문제인 것 같다고 하셨음... 음? 베어링이 뭐지?

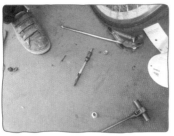

자전거 바퀴 축인데... 녹슨 것 좀 봐...;;

여기 구멍 안에~

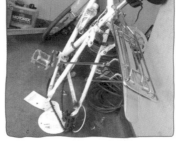

호 구슬들이 있어요, 이걸 베어링이라고 합니다.
깨지거나 금이 간듯...

보통 이런 건 수리를 안 하죠.
무거운 것들 싣고 다니며 무리를 주면
고장이 난다고 해요.
그래서 휠 하나 가져오셔서 그걸 메서 수리하심 ㅋ

브레이크 패드도 바꿔야 할 것 같다고 하셨는데
그건 재효도 있고 스스로 가능한데다
오늘 정비하고 잘 쓰고 있으니 PASS~
축도 부러질 위험이 있다고 하시네요.

축이랑 베어링을 바꿨어요.
사장님께 "전문가가 보시기에 체인 상태는 어떤 것 같으신가요?"라고 물어봤어요.
"괜찮아. 바꿀 필요 없어 보여."
서울 자전거 샵 사장님 말씀으로 체인이 끊어질 위험이 있다고
바꿀 것을 권고하셨는데... 혼란스럽다~

예쁘다! 라이딩도 매끄러워!

광주에서 목포로 가는 자전거길

광주친구가 나주곰탕이 유명하다며 추천!
어떤 아저씨께 곰탕맛집을 물으니 이곳 추천!

저... 정말 맛있어!

유채꽃인가? 정말 멋있어요.

이햐~

해가 진다...
하지만 전조등을 믿고

자다가 혹시나 배가 고프면
이걸로라도 대신하라고 주신 물...
정말 감사합니다~

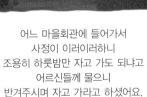

아직 정은 남아있었어!

태양이 완전히 지고
3G가 느려서 지도도 제대로 안 되고...
가는 도중 자전거길 이탈 후
백련지로 향하는데 길 잃고...
—ㅅ—

다시 자전거길로 되돌아가서
목포로 향한다면 전조등이 도중
꺼질 가능성이 높다...

어느 마을회관에 들어가서
사정이 이러이러하니
조용히 하룻밤만 자고 가도 되냐고
어르신께 물으니
반겨주시며 자고 가라고 하셨어요.

밥은 먹었냐고 하시며
밥도 주심...

DAY 49
제주도는 국제선?

최고기온 20.1℃
최저기온 8.0℃

이동거리	무안-목포	50km	지출	여수엑스포	6,000₩
총 거리		2,522km		자연사박물관	3,000₩
			총 예산		821,015₩

아침밥을 차려주려고 오신 ㅠㅅㅠ
감사히 잘 먹었습니다~

잊지 않을게요!
일단 지도를 봤는데
정확히 어디에 있는지 파악이...

어쩌어쩌해서 백련지에 도착해봤으나~
전라도 사투리에 녹을 것만 같아 ㅎㅎ

일곱번 넘어져도 이이러나라!!

온통 볼 것이 없달게,
시기가 안 맞았구나.
그래도 제주도의 봄 바다가
기다리고 있음!

목포가 보여요? 목폽니다.
여기서 또 하나의 희생양이 저를 맞이할
준비를 하고 있었죠. 흐흐흐~
장난이구요.
또 한번 신세를 저려주요!

그럼 해양박물관 먼저!

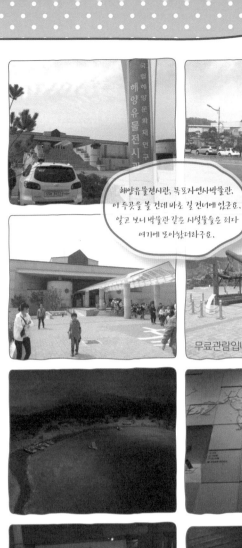

해양유물전시관, 목포자연사박물관, 이 두곳을 볼 건데 바로 길 건너에 있군요. 알고 보니 박물관 같은 시설물들을 죄다 여기에 모아놨더라구요.

무료관람입니다!

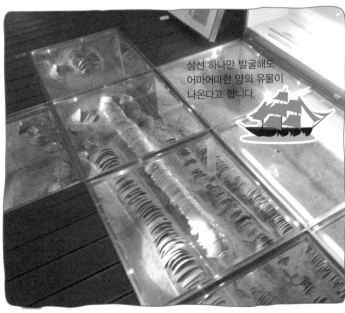

상선 하나만 발굴해도 어마어마한 양의 유물이 나온다고 합니다.

입장료가 3천원이네유~

가족들이 어린이날에 여수엑스포 미리보
기에 온다고 합니다 ㅋㅋ 이것저것 챙겨
주신다고 하셨는데 받지 않을 생각이에
요. 부모님의 도움으로 여행을 한다는 게
뭔가 의미가 희석된다고 보거든요 ㅋㅋ

어쨌거나 그날 그 넓고 멋진 곳을 혼자가
아닌 가족과 함께할 수 있다니 설렙니다!

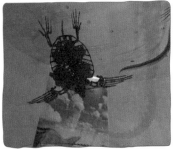

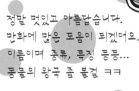

정말 멋있고 아름답습니다.
만화에 많은 도움이 되겠어요.
이름이며 종류, 특징 등등...
동물의 왕국 좀 볼걸 ㅋㅋ

다음에 백과사전을 사야겠어요.

이름이며 특징이며
모두 어마어마한 자료가
될 것 같아요.

크다~

이게 뭐여~
제주도는 오른쪽?

가격은 일반석 기준
3만원에 자전거 3천원.

어느덧 여기까지 오다니
지금도 믿기지가 않습니다.

목포에서 일을 하고 있는 친구를 만났
어요. 역시나 변한 게 하나도 없군요.

밥 한그릇 뚝딱먹고 헤어졌어요 ^_^
바쁜데 만나줘서 고맙다~

내일 9시에 타고 가고 싶은데
일어나려나~

내일 배 정보와 길을 익혀두기 위해
목포항을 미리 방문했답니다.
목포항에는 여객터미널이 두갭니다.
국내선과 국제선이죠!

국제선은 국내선에 비해 작구나.
비와 상관없이 배는 뜸.
9시와 14시 30분에 배가 있음.
소요시간은 4시간 30분.

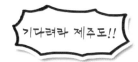

기다려라 제주도!!

목포 **제주도** 국립제주박물관 **용두암** 전쟁역사평화박물관
강정마을 **엉또폭포** 외돌개 **천지연폭포** 쇠소깍
관광단지 해남땅끝마을 **완도** 다산초당 **영랑생가** 강진
순천만 낙안읍성 **여수해양엑스포** 광양 **최참판댁** 하동
충익사 **의령구름다리** 호암 이병철 선생 생가 **돝섬**
을숙도 **낙동강하구에코센터** 감천문화마을 **부산박물관**
달맞이길 **해운대해수욕장** 송정해수욕장 **용궁사**

송악산 용머리해안 **산방산** 중문관광단지 **주상절리**
표선해비치해변 성읍민속마을 **성산일출봉** 진도 **우수영**
장흥 보성녹차밭 **고흥** 나로우주센터 **만화마을** 벌교
남해 충렬사 **사천** 삼천포 **남사** **예담촌** 산청 **진주성**
함안 **마산** 창원 **노무현** **전대통령** **생가** 김해 **부산**
광안리해수욕장 APEC누리공원 벡스코 **부산시립미술관**
수산과학관 **대변항** 충렬사

Route 3

남해안 따라서
부산으로 돌아가자

제주도-전라도-부산

DAY 50
여행의 2/3지점 도달

최고기온 15.8℃
최저기온 14℃
강수량 7mm

이동거리	목포-제주	0km		배	33,000₩
총 거리		2,522km		식량	3,960₩
				찜질방	7,000₩
지출	햄버거(아침)	2,600₩	총 예산		774,455₩

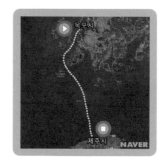

노숙을 했어요.
어제 관광했던 박물관 근처...
밤이 되니 한적하고 최저기온 12도,
게다가 9시꺼 타려면 일찍 일어나야 되죠.
경험상 노숙하면 일찍 일어나짐

ㅋㅋㅋ

6시 안 되서 기상합니다.

뭐... 뭐지...
이른 시각부터 북적북적!

33,000원 크리!
저렴하게 먹어봅니다.

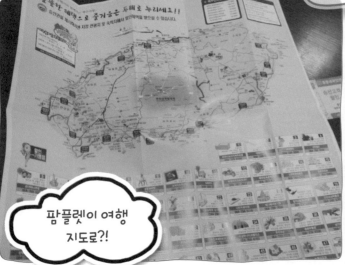

팜플렛이 여행
지도로?!

너를 보게 될 줄이야

크다!!

근데... 자전거 싣는데 3천원 내고
경사로는 없네요!!
젠장... 그럼 두번 나를 수밖에...

나중에 봐~~

우와~ 장난 아닌데요!

출항합니다!
뿌우~ 뿌우~

심심하지 않은 항해~

도착!!

저 같은 자전거 여행객이 보이길래
제주도 여행을 하시는지
물어봤습니다.
아는 지인을 보러 가는 거라고
하시는데 옷차림은 여행이신?
만날지도 모르겠네요.

으어~~ 그리고!
제주도에 사는 친구가 마중을
나와줬어요!!
여긴 북쪽 제주시인데
남쪽 서귀포에서 달려왔답니다.
힘내라고 자양강장제도 주고
우동도

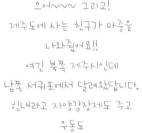
ㅎㅎㅎ

이 배는 이렇게 작은 게
아니라고 말해달랍니다ㅋ
마중 나와줘서 고마워~
서귀포에서 기다려!!

비가 오길래 근처 마트로 들어갔어요.
그리고 비상식량을 충전하고 앞으로
의 일정을 새로이 정립했지요.

저녁은 친구가 준
피로회복제와 초코파이~
정보다 10g당 10원 더 쌉니다

요것은 어느 여행자께서
선물해주신 ;ㅅ

DAY 51
올 것이 왔구나,
그분은 몸살...

최고기온   16.7℃
최저기온   14.5℃
강수량   5.5mm

이동거리	제주	0km	지출	순두부찌개(저녁)	5,000₩
총 거리		2,522km		찜질방	7,000₩
			총 예산		762,455₩

제주시

어젯밤부터 속이 안 좋더니 급기야 구토를 하고 말았습니다.
그러고 보니 어제는 밥을 안 먹었네요.

배멀미의 후폭풍인지...
쵸코파이와 자양강장제의 부적절한 조합인지...

속이 안 좋을 때는 아무것도 먹지 말고 자는게 최고겠죠?

공복 24시간째, 하루종일 잠만 잤군요.
개운한 건 아니지만 아까보다는 나은 듯합니다.
마침 비도 오는데 푹 쉬라며 보채는
몸이 보내는 메시지일까...

으으...
나 죽네...

초코파이
너냐?

찬바닥
너냐?

?

뭐, 뭐??
난 피로회복제라고!!

자양강장제
너냐?

아악!!
이것도 이제 못해먹겠네,
픽하면 내탓이여!!

배 너냐?

형씨,
왜 날 갖고
넘어지셔?

과자
너냐?

어떻게 알았지?!

DAY 52
천년의 타임캡슐
지난 시간은 지금 1%

최고기온 20.6℃
최저기온 12.4℃
강수량   86mm

이동거리	제주	8km	지출	오므라이스(점심)	3,000₩
총 거리		2,530km		제주목관아	1,500₩
				찜질방	7,000₩
			총 예산		750,955₩

제주시

비가 많이 내리는 하루가 시작됐어요.
몸이 나은 직후는 살아있다는 게
느껴져서 신기한 기분이 듭니다.
또 며칠이 지나면 잊어버릴 테지...

내일 보자!

약 4km를 걸어서 도착!
자전거가 없으니 제법 멀더라구요.

제주 역사와 문화의 전당

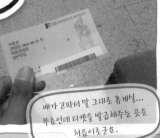

배가 고파서 발 그대로 휴게실...
무료인데 티켓을 발급해주는 곳은
처음이로군요.

모래가 다양합니다.

국립제주박물관
JEJU NATIONAL MUSEUM

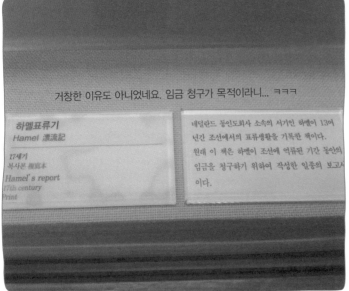

거창한 이유도 아니었네요. 임금 청구가 목적이라니... ㅋㅋㅋ

하멜표류기
Hamel 漂流記

17세기
복사본 複寫本
Hamel' s report
17th century
Print

네덜란드 동인도회사 소속의 서기인 하멜이 13여 년간 조선에서의 표류생활을 기록한 책이다. 원래 이 책은 하멜이 조선에 억류된 기간 동안의 임금을 청구하기 위하여 작성한 일종의 보고서이다.

3천원에 이만하면 발 다한 거죠.
어느 나라 어느 천국에서는 4천원.
맛있게 먹고 이동!

이곳에 들린 이유는 앞으로 제주도를 관람함에 있어
조금이나마 알고 봐야 하지 않겠나 싶은 생각에서...

구라임...

굶주린 스피릿은 당장 폰을 꺼내 둡니다.
마침 바로 옆 도서관이 보입니다.
그곳에는 식당이라는 필드가 존재하기 마련입니다.
그것도 저렴한 편으로 말이죠.

노블리스 오블리제라고 하던가요.
자신이 얻은만큼 베풀며 살라고
하는 김만덕 할머니~

흥미로운 타임캡슐을 봤어요.
천년 뒤에 개봉한다고 하네요.
벌써 1% 지났어!!

비는 좀 그치려나~

구분 DIVISION 區分 收费分类	개 인 INDIVIDUAL 個人(收入)	단 체 GROUP 團體(集体)
일반 ADULT 一般 成人 (25~64세 이하)(25歳~64歳以下)	1,500원	1,000원
청소년 YOUTH 中人 青少年 (13~24세 이하)(13~24歳)	800원	600원
군 인 SOLDIER 軍人 (제복착용한자이하)	800원	600원
어린이 CHILD 小人 儿童 (7~12세 이하)(7歳~12歳)	400원	300원

ADMISSION FEES 入館料 費券标示

매표소 요금을 보니
일반인이 1,500원인 거예요.
그래서 내려고 하는데 직원이
십오세 넘으셨냐고 재차 묻는 겁니다.
일반인을 15세부터 규정짓나?
아니면 내가 어려 보였나? 싶었어요.
돈 내고 다시 보니...

25살 넘은 성인인척 했음 ㅋㅋㅋ

벌써 제주도에
발을 들인지 3일째라는 게 ㄷㄷ
5일 뒤에 비가 또 올 거라는데
그전에 후딱 보고
끌내죠 ㅋㅋ

DAY 53
어디에서 찍든 멋진
이곳은 제주도

최고기온 16.9℃
최저기온 11.6℃

이동거리	제주	72km	지출	햄버거(점심)	3,000₩
총 거리		2,602km		고추장돼지불고기(저녁)	8,000₩
			총 예산		739,955₩

어휴, 시작부터 수려합니다 그려~
오늘은 날씨가 화창하니 좋네요.
몸도 가뿐하고~ 고고씽~

첫번째 용두암이 보여용~

내려가는 길에 본 징어님들~

찰칵! OTL

다들 서로 찍어주는데
나만 이러고 있어...
모두 날 쳐다봐 ㅋㅋ

한라산이 구름에 가려져서 안 보이네요 ㅎㅎ
자전거 여행자분들이 정말 많음.
주말이라 그런가 ㅋㅋ

제주도 친구가 추천해준 몸국!
지도에는 가는 길목에 삼촌네몸국이라는
집이 있길래 그쪽으로 향했어요.
그런데 안 보임 ㅋㅋㅋ

그래서 햄버거 먹었어요.
햄버거도 좋아하는데 질린다.
맛이... 없다...

국토대장정 하시는군요.
파이팅입니다!!

음?
먹어도 된다구?
잘 먹을게~

자기가 마곰인줄 알았음 ㅋㅋ

후~ 덥다 더워!
여기에서 세수 좀 해야지~

전쟁역사평화박물관		
구 분	개인요금	단체요금
성 인	6,000원	5,000원
청소년 군 경	4,000원	3,000원
어린이 경 로	4,000원	3,000원

오던 손님도 돌아가게만드는 요금.
지금 저에게도 큰돈이기에
갈등하다가 돌아갑니다...

제주평화박물관입니다.
말하기 거시기인데다
일본인이 매수살 것이화는 곳.
개인이 운영 중이고 역사적으로
중요한 곳이랍니다.

부유석?
물에 뜨길래 신기해서 만지작
거리는데 어린 소녀가 신기하
다며 판매용을 물에 넣었어요.
안뜸... 아이 표정이 ㅋㅋ

하멜... 하멜... 하더니만 진짜 여기였구나. 설마 했는데 ㅋㅋ
세번째 와서야 하멜이 누군지 알았네요. 네덜란드 사람인데 13년
간 제주도에 살았대요. 기념비도 세워져 있고 하던데 말이죠. 어
제 박물관을 가보길 잘한 듯합니다. 진짜 이유도 알았고 말이죠^^

아쉬운 김에 네덜란드 전시관이라도 보려고 들어가려 하니 시간이 다 됐다며 퇴근하셨다......

산방산의 산방굴사!

산방굴사에서 보는 용머리해안

우와! 맛있겠다!

많이 먹어두렴 노숙이니까ㅋ

수고 많았어~ 내 몸아!
특식이다!
8천원짜리
고추장돼지불고기
맛있게 먹으렴~

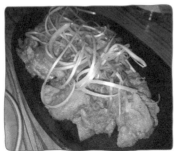

DAY 54
주상절리부터
정방폭포까지

최고기온 21.9℃
최저기온 14.3℃

이동거리	제주	33km		약천사 헌금	1,000₩
총 거리		2,635km		천지연폭포	1,000₩
지출	귤	2,000₩		아이스크림	1,500₩
	주상절리	1,000₩		정방폭포	1,000₩
			총 예산		732,455₩

지붕만 있으면 OK!
춥진 않지만 그래도 막 일어나면
2도나 12도나 추운 건 마찬가지 ㅋㅋ

가다 보면 귤이 널려있어요.
손만 뻗으면 되는데 양심상 못하겠네요.
먹고 싶다... 하읅~

멋진 곳도 있고~
옛 기억이 새록새록 나며 여기였구나~
라는 곳이 많네~

주상절리 노점상!

이곳에서 20년 이상 장사를!
할머님들 장사솜씨가
예사롭지 않음 ㅋㅋ

3천원짜리를 2천원에 파신다고?
너무 맛있어요~ 껍질 버리고 가려고
옆에서 먹고 있는데 할머님이 저를
이용하시더라구요 ㅋㅋ

"저 녀석이 3천원짜리를 2천원에 사서
저렇게 맛있게 먹고 있으니 한번 보셔"

불쌍해 보였는지 귤 더 주심... ㅋㅋㅋ

주상절리
너무 멋있다!

응? 드디어 지퍼 고장!

올레!! 고쳤음 ㅇㅁㅇ

얼마 가지 않아 약천사가 나옵니다.
여기도 새록새록~

태평양전쟁 희생자
위령탑입니다.
잠시 묵념하고 갑니다.

여행 중이라 많이 넣진 못하고
천원이라도...

약천사 하면
기억나는 게 요것뿐!

마침 시간도 적절해서
공양했어요~
설거지는 먹은 사람이!!

해군기지건설로 말 많은 강정마을...
언론에서 많이 보았던 모습입니다.

구럼비라는 바위를 돌려달라는 내용?
마을 방송으로도 반대한다고...
많은 생각을 하게 만들어 주네요...

바닷가에서 산으로 4km 거리
계속 끌고 올라갑니다.
해인사 오른 거 생각하며 오릅니다.

너는 여기까지구나,
기다려~

비가 와야 생기는 폭포~
비가 온지 얼마 안 되서 왔는데...
그... 그래도 조금 내립니다.

엉또의 물줄기~

여기에서 쉬었다 가자...
세수도 하고 머리도 감자!

이햐~ 저~기 범섬도 보입니다.

당연히 물로만!

오른쪽으로 내려가면 외돌개가 나와요.

확실히 와본 곳이다!

천지연폭포 가는 길.
차들이 커브에서 죽으려고 하네요 ㅋㅋ

새로 생긴 다리인가 봅니다.

제주도에 오면 젊어집니다!
이곳도 25세 이상 돼야 성인.

내려가는 길은
험준하니 조심해야
합니다.

바다에 있는 폭포
정방폭포!
힘낸 보람이 있어 ㅠㅅㅠ

손 씻을 물과 쓰레기통이 있는
화장실 근처에서 냠냠 했어요.
사람들이 막 쳐다보는데... 풋풋풋... 에휴...
이젠 소리도 들리네요 ㅋㅋ

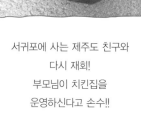

서귀포에 사는 제주도 친구와
다시 재회!
부모님이 치킨집을
운영하신다고 손수!!

잘 먹겠사와요~

친구 삼촌분의 몸이 편찮으세요.
두손으로 하기 힘든 자수를 한손으로?!!
그램쟁이니 그림을 그려주면
만들어주시겠다고 하셔서
들고다니는 거 복사해서 드렸어요.

DAY 55
칼을 뽑았으면
무라도 썰어야 하는 밤

최고기온 23.3℃
최저기온 16.3℃

이동거리	제주	55km	지출	찜질방	9,000₩
총 거리		2,690km			
			총 예산		723,455₩

따뜻한 집과 밥,
손이 많이 가는 김밥에 용돈까지
너무너무 감사합니다 ㅠㅅㅠ

쇠소깍 도착!

배로소가 있던데
저걸 체험하는 건가봐요!

아름다운 해안도로~

쇠소깍에 오길 잘했어 ㅋ

어느새
표선해비치해변 도착~

산책로
당포마을

여기서 점심 먹고 가요!

으헝으헝 감사합니다~
양말도 받았는데
빠져있네...

김밥은 급하게 하시다 보니 백미로 못했다고 하셨는데 영양만점 김밥입니다!!

김밥 너무 마시쪄~~

이거 있으니까 이제야 여행 느낌이 좀 나네 ㅋㅋ 먹으면서 어제 친구와 이야기 하던게 기억났어요.

옛날에 길이 덜 만들어졌을 땐 한곳한 곳 들리며 여행의 맛이 있었는데 요즘 은 길이 뚫려서 한곳한곳 들리는 게 여 행이 아니라 일이 돼버렸다고...

그 말을 저도 공감했어요. 사실은 제가 지금 그래요. 처음엔 우와~ 감탄사를 날려주며 감동했는데 여행을 하다 보면 지쳐서 그런 게 없을 때가 많아요.

어쨌든 칼을 뽑았으면 무라도
썰어야 하는 법!

281

표선해비치해변에 있는 12지신석상들!
하나만 찍으면 이상하니 다 찍었습니다 ㅋㅋ

몸이 끈적끈적해서 나름 물 묻히고
닦으며 간이샤워를 했어요.
물기도 말리고 체온도 낮출 겸 다리를
걷어붙였답니다. 이곳 표선에서
일하시는 분들께서 여행하냐며
몇 살이냐고 물어보셨어요.
그래서 맞춰보시라고 했더니

"중고등학생인 것 같다."

달리고 달려 성읍민속마을 도착!

여기 있어~

성읍민속마을

민속마을 안내지도

차도 다니고 도로도 있고...
자전거 끌고 갈 수 있는 듯...

차도로 가지 않고
왼쪽길로 들어갔어요.

여기도 안동처럼 사람이 사는 듯...

내일 비오는데

습하고 덥고 끈적끈적... 으악!!!
성산일출봉은 보고 가야지.
내일 쉬고 모레 일출봉을 보고 목포로 가겠습니다.

DAY 56
제주도가 보여주고
싶지 않은 성산일출봉

최고기온 20.3℃
최저기온 14.2℃
강수량   58mm

이동거리	제주	0km	지출	된장찌개(점심)	5,000₩
총 거리		2,690km		찜질방	9,000₩
			총 예산		709,455₩

저녁 6시인가 잠들었는데
다음 날 아침 10시에 일어나는
유례없는 딥슬립!

배가 고파서 5천원짤 식사를 했어요.
비는 계속 오고
내일 새벽에 일어나
성산일출봉 보기만을...

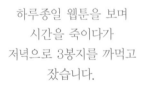

하루종일 웹툰을 보며
시간을 죽이다가
저녁으로 3봉지를 까먹고
잤습니다.

갈 때가 됐다! 뭐...??

밖은 바람이 미친 듯이 불고 여기 찜질방은
지하인데도 바람 부는 소리가... 어휴... 다 들려~

아아... 제주도여...
정녕 저에게는 성산일출봉의 장엄한 기운을
주지 않으시겠다는 말입니까!!

buyeomuseum   2012/04/17 14:51

안녕하세요. 국립부여박물관입니다.

먼저 부여박물관을 찾아주셔서 감사합니다.

부여는 자전거나 보도로 이동하기 좋은 여행지이지요?

앞으로도 좋은 인연으로 부여를,

그리고 부여박물관을 다시 찾아주셨으면 좋겠습니다.

자전거여행 안전하게 마치기시를 바라며,

오늘도 행복한 하루 보내세요 ^0^

어떻게 알았지?
댓글을 달아주셨네요.

말 한마디에 천냥빚도 갚는다더니
기분이 참으로 좋습니다.
감사합니다~

DAY 57
아쉬움을 뒤로한 채
다시 반도로

최고기온 16.6℃
최저기온 8.5℃

이동거리	제주-목포	48km	지출	성산일출봉	1,000₩
총 거리		2,738km		된장찌개(점심)	6,000₩
				배	33,000₩
			총 예산		669,455₩

너를 봤어야 했는데 말이야...

멋있다!

찜질방 입구에서
1시간 30분 정도 지켜보았지만
바람이 너무 거세어 일출은
단념하고 잤어요...

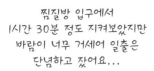

저게 다~ 사람~
학생들도 많이 보이던데 수학여행, 졸업여행을 온 듯합니다.

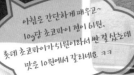

아침은 간단하게 때우고~
100당 초코파이 정이 61원,
롯데 초코파이가 51원이라서 싼 걸 샀는데
맛은 10원에서 갈리네요 ㅋㅋ

성큼성큼 올라가자!

남은거리 274m
해발고도 77m

인기가 많은 두 바위
여기서 사진 찍으시는 분들이
정말 많네요~

오오오!!

사람도 많고 경치도 아름답고
일출을 못 본 건 아쉽군요.

내려가는 길에도
멋진 모습을 보여주시는
성산일출봉느님!

만장굴에 가야 하나 말아야 하나...
들리면 시간이 빡빡해지는데...
음... 다음 기회에 ㅋㅋ

제주항으로 돌아가는 길
제법 조용합니다.

아마 저 배를 타겠죠?

돌아왔어! 1주일 만에!
왠지 찡하네요. 저 엄청난 인파 좀 보쇼~

예비역마크를 단 전역자 발견.
디지털군복이 아닌 개구리복이길래
육군인 줄... 혹여나 싶어서 명찰을 보니
노란색으로 박혀있길래 해군 헌병이구나
했죠 ㅋ (해군 전역자 명찰은 육군과 달리
노란색입니다.)

567기가 전역했겠구나 싶어서
해상병 567기 맞으시냐고 물으니
어떻게 알았냐고 ㅋㅋㅋㅋㅋ

저번에도 이렇게 세워뒀는데
안 넘어졌어요.
다른 분들도 자전거를 ㅋㅋ
안전한 하이킹 되세요~

신비의 섬 제주도
다음에 다시 만나

매번 하는 듯

10시에 도착했는데 느긋하게 내리라고 기다렸더니 차량들까지 모두 내린 후에 내렸어요.
그래서 제주도에서 내릴 땐 자전거를 최우선순위로 내리게 해줬구나 싶더군요.

새벽에는 추웠습니다. 오후에는 엄청 더울거랍니다. 바람이 강하게 불겠구나 ㅠㅅㅠ
핫팩은 이런 날에 제대로 써야죠!!

목포에서 노숙했던 곳으로 가보니 근처에 차량 한대가 후미등만 켜놓은 채 있더군요.
얼핏 보니 서리도 껴있고... 왠지 제가 자다가 무슨 일이 날 것 같아서 자리를 옮겼어요.

근처 박물관 처마 밑으로 갔는데 경비아저씨가 깨버렸어요.
여차저차 설명하고 조용히 자고 가겠다 했는데 다른 곳으로 가라고... 결국 쫓겨났음 ㅋ
박물관단지 이런 곳은 노는 분들이 올 리 없고 다만 경비 아저씨가 깨지 않게 조심해야 ㅋㅋ

293

DAY 58
시간 맞춰 여수로
가야하는데 초조해

최고기온 22.6℃
최저기온 3.3℃

이동거리	목포-진도-해남	70km	전라우수영		1,000₩
총 거리		2,808km	식량		3,400₩
지출	김밥 라면(아침)	1,800₩	김치찌개		6,000₩
	보리비빔밥	6,000₩	총 예산		651,255₩

옷을 다 입었는데도 춥네.

1주일 만에 왔는데
보도블럭이 사라졌네요.

밥은 먹고 싶은데
문 열린 곳이 없군요 ㅠㅅㅠ
아... 맛없다...

퇴지 시간에
쫓기는 것 같아요.

도착일세!
우수영관광단지!

많이 한산합니다.

주막에도 들렀습니다.

보리비빔밥 하나요!

전라우수영관광단지
티켓은 천원!

보면서 자꾸 초조합니다.
5월 5일에 맞춰서 여수에 갈 수 있을지...
너무 빨라도 늦어도
안 되는데...

초조하니까
여행이란 게
안 느껴진다.

이순신장군영정

임진왜란 유물

서적류

음... 천천히...
느긋하게 가자!

늦으면
대중교통을 이용하면 돼!

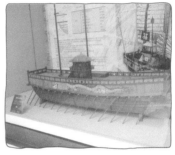

상도속의 거북선은 생동감을 위해 만들어진 것으로 명량해전에는 거북선이 사용되지 않았습니다.

명량해전 때는 거북선이 사용되지 않았다고 합니다.

너무 느긋한 거 아녀?

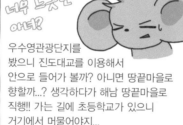

우수영관광단지를
봤으니 진도대교를 이용해서
안으로 들어가 볼까? 아니면 땅끝마을로
향할까...? 생각하다가 해남 땅끝마을로
직행!! 가는 길에 초등학교가 있으니
거기에서 머물어야지...

그래, 느긋하게 근처 화장실에서
충전 좀 하자!

노숙하니 식단이 달라져요 ㅋㅋ 비빔
밥이 먹고 싶었지만 시간을 질질 끌
며 충전을 해야 했기에 김치찌개를
시켰어요.

샤워도 했습니다. 물론 상의만 탈의
해서요. 바지가 젖지 않도록 수건을
달아주고 물칠 한번 비누칠 한번 ㅋ
안한 것보다 백만배 개운합니다!

DAY 59
땅끝마을에서
청해진의 완도까지

최고기온 21.8℃
최저기온 8.3℃

이동거리	해남-완도	73km		해신세트장		2,000₩
총 거리		2,881km		장보고기념관		1,000₩
				피자, 식량(저녁)		10,700₩
지출	라면(점심)	1,050₩	총 예산			636,505₩

오오! 유성? 별똥별?
아침부터 11개나 봤어요.
흔한 건가?

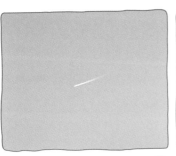

해남 땅끝마을 도착!

바닷길이 열린다고 합니다.

전망대가 있다!

이 길로 서울 갈 수 있어요.

완도 근처에는 섬이 210개 정도 된다고 합니다. 정말 아름답습니다.

완도대교를 지나~

우와! 가는 길목마다 눈이 즐거워~

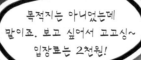

목적지는 아니었는데
말이죠. 보고 싶어서 고고싱~
입장료는 2천원!

해신세트장 중 하나입니다.
극중 중국 세트장이라는데
그리 크지 않습니다.
이 작은 곳에서 드라마 속
다양한 장면이 연출됐다는
게 너무 대단합니다.

배둔소에서 잘 보이는 곳에
세워두고 관찰했어요!

완도의 귀여운 강아지..
쫓아오길래 쫓아갔더니 도망감 ㅎ

도착했구나! 장보고기념관!

장보고 애니메이션도 있습니다.

쭉~ 둘러보고 나니
해신이 보고 싶어지네요.

5,900원 미들사이즈 피자와
간식들이에요.
들고 가기도 그렇고 뒤처리도 그러니
즉석에서 먹어요.
남은 건 아침에 먹을랬는데
다 먹어버렸어요.

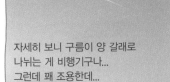

자세히 보니 구름이 양 갈래로
나뉘는 게 비행기구나...
그런데 꽤 조용한데...
소리가 전혀 안 나는 걸까;;

반갑구나~ 공원님ㅋ

특히 당신, 화장실.

공원이 좋은 이유~♥

장보고 동상 멋있다!

팔각정에서
잠을 청합니다.

DAY 60
수려한 아름다움 속에
자리한 그곳

최고기온 19.9℃
최저기온 9.6℃

이동거리	완도-강진-장흥	65km	지출	빵, 우유(아침)	4,500₩
총 거리		2946km		제육덮밥(점심)	4,500₩
				찜질방	6,000₩
			총 예산		621,505₩

두끼분의 식사

자연의 신비는 직접 봐야 크게 와닿는 듯
밀물썰물을 티비나 책에서 볼 때와는 다르네요.

다산유물전시관입니다.

불쾌지수가 높아!!
어쩐지 불쾌하다 했어!

수려한 아름다움 속에
자리 잡았네요.

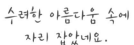

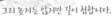
그리 높지는 않지만 길이 험합니다.

오르고 올라 도착하니
자연과 어우러진 다산초당의
모습이 나왔다

"사람은 한때의 재해를 당했다 하여
청운의 뜻을 꺾어서는 안 된다."
- 다산 정약용

개인적으로 이런 날이 자전거 타기에
좋은 듯! 덜 덥하다면 더 좋구요!

어느덧 영랑생가에...

영랑생가가
여러 사람의 손을 거치다가
강진에서 매입하게 됐다고...

화장실도 예쁘게
만들어 놨어요. 안에는 현대식!

어느덧 여름이 왔다는 걸
실감합니다!

비가 온다고 합니다.
고로 찜질방을 가야지.

길 한복판의 용자!

장흥 유일의 찜질방~
평도 정말 좋더라구요!

자전거여행객이냐며 물으시더니
빨래가 큰 문제지 않냐며
먼저 물어봐 주시는 것!

가... 감사합니다!!
마다하겠나이까!!

DAY 61
녹차의 수도, 보성

최고기온 18℃
최저기온 15.3℃
강수량 2.5mm

이동거리	장흥-보성-고흥	84km		식량	6,970₩
총 거리		3,030km		라면	1,000₩
				찜질방	8,000₩
지출	보성녹차밭	3,000₩	총 예산		602,535₩

사장님이 빨래까지
개주셨어요.

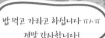

밥 먹고 가라고 하십니다 ㅠㅠ
정말 감사합니다!

바퀴만 남아있다...
너도 저렇게 되는 거 아니지?

개인적인 바람이긴
합니다만 번창하세요~

마치 제주도에 와있는 듯한!

구름이 범상치 않구나.
분명 오늘은 비가 안 온댔으니...

보성이다 보성! 녹차가 보이기 시작한다!

헉... 헉...
뭐 이런 급경사가...

후아! 오르고 나니 전망은 좋구나~

한폭의 그림 같은...

두근
두근

사람들이 녹차아이스크림 들고 다니던데
조그마한 게 2천원이나 하네요.
저 같은 사람들용은 아닌듯~

곡선의 아름다움이란 게 이런 걸까?

여기도 커플들이
많이 보이는구나~

노숙을 하려 했건만
비가 올 거랍니다. 어두운데...

근처에 찜질방은 없고 40km만
더 가면 고흥의 유일무이한 찜질
방이 있다고 해서 왔답니다.

DAY 62
근로자의 날,
저도 쉬겠습니다

			최고기온	19.0℃
			최저기온	15.7℃
			강수량	33.5mm

이동거리	고흥	0km	지출	찜질방	8,000₩
총 거리		3,030km			
			총 예산		594,535₩

비가 온다.
11시도 안 됐는데 이곳 사장으로 보이는 사람이
시간 됐으니 집에 가라고 한다.
하루 더 있을 거라니까 돈 이야기부터...

고흥 유일무이한 찜질방의 패기란 것인가!
이런 사람도 있고 저런 사람도 있으니 뭐...

어찌 됐든지 오늘은 근로자의 날...
비가 오는 관계로 저도 쉬겠습니다!

어제 산 것들이 생각보다 많네요.
들고 가지도 못 하는데...
밥이 먹고 싶어요.

다행히도 내일 오전 중으로 비가 그친답니다!

운동복은 손빨래하라는
표시가 되어있어서 샤워하면서 빨았지요.
어휴~ 구정물이 뚝뚝...
특히 바지는 심하네요.

다른 것들은 다 한번씩
빤 것이 있는데 운동복 바지는
60일간 처음 빤 것...
감개무량합니다.

DAY 63
나로우주센터 가는 길은 너무 힘들고 험해

최고기온	26.1℃				
최저기온	15.7℃				
강수량	1mm				

이동거리	고흥	49km	지출	백반(아침)	7,000₩
총 거리		3,079km		우주과학관	3,000₩
			총 예산		584,535₩

초코파이가 너무 많이
남았지만, 밥이 먹고 싶다.
주인분은 좋은데
백반이 7천원...
그래도 밥 한공기 더 주신다!

섬과 해안은 경치가 아름다운 만큼 힘들어요.
동해안과 제주도를 가보며 크게 깨달았다죠.

나로우주센터 39km
Naro Space Center
마복산 14km
Maboksan (Mt)
금탑사비자나무숲 13km
Geumtapsa Temple Nutmeg Tree Forest

등심을 보여다오!!

왔다! 왔어!!

나로우주센터에 도착!

아쉽지만 여기까지 ;人;
힘들게 왔지만 보안 때문에
더 이상 접근불가입니다.

이런 건 체험도 해보고
재미있게 봤는데

이런 건
아픈 기억들만
떠오르게 되네요ㅋ

지금까지 쏘아 올린 로켓들과
앞으로 발사예정인 로켓들의 예약석

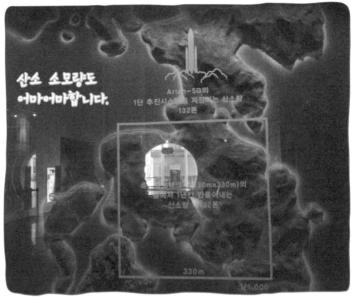

제트기 추진력의 170배 +◦+

전 세계적으로 발사장을 가지고 있는 나라는 드물답니다.

19초 남았다!

스크린이 나오며 동영상이 나왔어요.
주위 어르신들이 하시는 말씀
"이게 다야?"

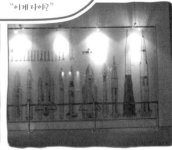

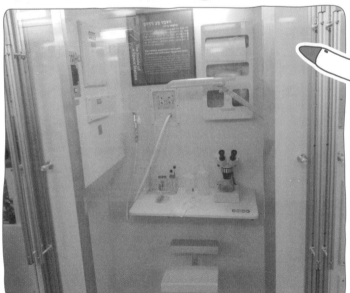

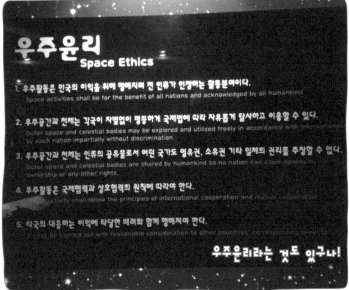

우주윤리
Space Ethics

1. 우주활동은 한국의 이익을 위해 행해지며 전 인류가 인정하는 활동분야이다.
Space activities shall be for the benefit of all nations and acknowledged by all humankind.

2. 우주공간과 천체는 각국이 차별없이 평등하게 국제법에 따라 자유롭게 탐사하고 이용할 수 있다.
Outer space and celestial bodies may be explored and utilized freely in accordance with international law by each nation impartially without discrimination.

3. 우주공간과 천체는 인류의 공유물로서 어떤 국가도 영유권, 소유권 기타 일체의 권리를 주장할 수 없다.
Outer space and celestial bodies are shared by humankind so no nation can claim dominium ownership or any other rights.

4. 우주활동은 국제협력과 상호협력의 원칙에 따라야 한다.
activity shall follow the principles of international cooperation and mutual cooperation.

5. 타국의 대응는 이익에 타당한 배려와 함께 행해져야 한다.
It shall be carried out with reasonable consideration to other countries' corresponding benefits.

우주윤리라는 것도 있구나!

많이 오긴 왔구만!
고흥까지 35km라니

초등학교에서 씻고 자려고 하는데
선생님께 딱 걸림ㅋㅋ

여차저차해서 허락받고
지금은 학교 선생님들이 많으니
나중에 오라고 하시는...
근처 돌아다니다가 해수욕장?
화장실 발견~

그래! 어서~
전기를 받아 먹으렴...

해수욕장에 잘만한 곳이
안 보이네요.
다시 학교로~~

DAY 64
포기란 쉽지만 시작은
어렵다를 되새겨 본다

최고기온 26.4℃
최저기온 14.0℃

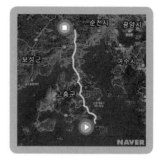

이동거리	고흥-보성벌교-순천낙안	62km	지출	삼겹살백반(점심)	7,000₩
총 거리		3,141km		제육덮밥(저녁)	4,500₩
				식량	3,200₩
			총 예산		569,835₩

놀이터통이 최고입니다'ㅋ

섬의 아침은 이런 건가?

너무 아름답지 않습니까!
힘들어도 이런 맛에
여행을 한다니까요.

마치 천국에
온듯한
기분입니다.

한국애니메이션을 이끌어갈 주역들이 모인 그곳인가? 뻥이라는... ㅋㄷ

잠을 잘못 잤나 다리가 이상하군요, 좌측 허벅지 뒷부분이 낮은 경사로에서 페달을 구를 때마다 쩌릿쩌릿거리는 군요, 자전거를 못탈 정도로 아~ㅇ 큰일 났네 이거...

구천원짜리 삽겹살정식! 하암~ 고기 몇점으로 목에 기름칠이나 해보자~

벌교가 보성이었다니...

여기서 좀 쉬어갈게요, 이젠 몸이 허해지는 건가... 페달을 못 밟게 되면 걸어서라도 완주하겠어!

순천시 Suncheon 낙안면

벌써 저녁이네요~ 밥 먹은 지 6시간 지났... 도로에서 절반은 걸었...

저곳으로 가면 낙안읍성이!!

낙안이 순천이었어?!!

긴급 비상식량 주매! 어느새 다 떨어져 있더군요, 잘 되어있는 화장실에서 충전 다 하면 잘 곳 물색해야지~

내일 보자구~ 낙안읍성님~

321

DAY 65
살아있는
낙안읍성 민속마을

최고기온 29.2℃
최저기온 12.9℃

이동거리	순천낙안-순천	25km	비빔밥(점심)	6,000₩
총 거리		3,166km	햄버거(저녁)	5,900₩
			찜질방	8,000₩
지출	낙안읍성	2,000₩	총 예산	547,935₩

오늘은 어제보다 추웠습니다.
덜덜덜...
언제나 그랬 듯 노숙을 하면
일찍 일어나 집니다.
문을 연 식당이 없을
정도로...

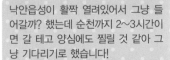

낙안읍성이 활짝 열려있어서 그냥 들어갈까? 했는데 순천까지 2~3시간이면 갈 테고 양심에도 찔릴 것 같아 그냥 기다리기로 했습니다!

우리나라성은 산성이 주를 이룬다고 하죠. 평지에 지은 성은 드물다고... 그리고 개를 수호신으로 모시지는 않죠. 그런데 이곳 낙안은 그랬다고 합니다. 개 석상을 석구라고 하는데... 국내에 2개만 존재한다고... 그것도 여기에 말이죠! 그래서 이곳이 문화적 가치가 높다고 합니다.

역사에 빠삭한 친구의 말로는 낙안을 보기 위한 괜찮은 코스는 성벽을 따라 쭉 둘러보고 임경업 장군의 비각을 본 뒤 관아를 보는 것이라고...

해가 뜨려 한다. 저곳이 오늘 넘어야 할 곳

호오~ 성벽을 따라 걷는다라...

여기도 안동처럼 사람이 거주하는가 봅니다.

낙안읍성의 전경이 한눈에!

너무 귀여운~
새끼가 어미젖 먹으려고 질질
끌려다녔어요. 근데...
여자가 오니
바로 절
버리는군요?

호랑이도 흡연자였지

여기 주막들이 모여있어요.
다음에 음식업을 한다면
컨셉을
주막으로
해야지~

진심이야

임경업 장군 비각 발견!

관아가 있네요.

정말 대장간을 운영하고 있을 줄이야...

주막에서 점심!
비빔밥 6천원짜리~
아아~ 맛있어라!

자! 이제 산을 넘어봐요!
오늘까지 폭염...
내일부터는 평년기온을
회복한다고...

내일은 가족들과 여수엑스포 가는 날. 순천안쪽에 펜션도 잡았다고 합니다.

처음에 고민했어요. 전국여행 도중에 부모님으로부터 도움은 절대 받지 않겠다고 다짐했거든요.
도움을 받는 순간 이것은 여행이 아니게 된다고 생각했어요.

핑계가 될 뿐이겠지만 여수엑스포가 5월 5일에 예행연습차 하루만 미리 연다고 광주 친구가 말해주더군요.
시간을 계산해보니 그때쯤이면 여수 인근인 겁니다. 가족들과 여행을 해본 지도 수년이 지나있었어요.
가족끼리 여행은 언제 또다시 할 수 있을까라는 의문이 들었었죠.

초등학교 4학년 때던가... 서울에서 가족끼리 마지막 여행...
세월에 휘둘리며 지금을 달려오신 부모님, 이번 주말은 모든 것을 놓고
여수에서 즐거운 시간을 보내도록 해요~

쉬벅지 통증을 알아보니 정확하진 않지만 뒤쪽 대퇴부통증이라고 합니다.
의자에 오래 앉아 있거나 부위를 차갑게 하여 근육을 긴장시키거나
쪼그려 앉는다든가 기타 등등... 전립선에 자극을 주면 그렇다네요.
의자에 오래 앉아있고 노숙하며 페달을 밟으면 다리가 접히는...

지금은 덜 그러네요. 말이 나온 듯?

순천에서 햄버거가 갑자기 땡김!

DAY 66
가족과 함께 여수엑스포

최고기온 27.9℃
최저기온 17.9℃
강수량 0.4mm

이동거리	여수-순천	0km			
총 거리		3,166km			
			총 예산	547,935₩	

자전거는 순천의 마트에 세워두고 가족들과 재회를 했어요.
여수엑스포에서 준비한 주차장은 시외에 몇 군데를 만들었는데 저희
는 여수산업단지로 갔지요. 정말... 차량이... 많았습니다...
2시간 가량 버스를 기다리다가 아버지의 호객으로 탔는데 주위에서
는 환호성이 터지고~ 오늘 가장 멋져 보였던 순간!

광주 친구 덕에
저도 미리 예약을 해놨지요!

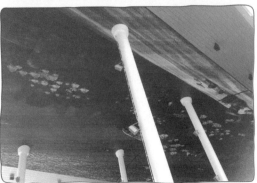

3자녀시대를
열어달라는 의미로
보입니다

아프리카폭인데
부스 하나당 나라 하나에
그 나라 사람이 있네요.

솔직히 대충 만들었다고 밖에...

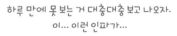

하루 만에 못 보는 거 대충대충 보고 나오자.
이... 이런 인파가...

제가 듣기로는 10만 명 정도
예약을 받았다고 하는데 말이죠.
뉴스에서는 하루 최대 30만 명 정도
올 거라 예상하던데...
웬만한 건 못 볼듯합니다.

사람들에게 인기가 많았던 한가지!
진짜 사람이라는 사실...
모두 신기해하더라구요.
상상의 나래를 펼쳐보시길~

으쳡으쳡~ 점심 맛나다!
해초비빔밥 한그릇 즈윽~

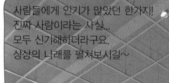

기다리다 지친 사람들을 위해 준비한
깜짝 마임쇼는 정말 굿 아이디어인 듯!!

이게 다 줄이여 줄!!

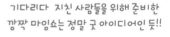

2~3시간을 기다린 끝에 한국관에 입성!
생각했던 것과는 전혀 다르군요.
소나무들 사이로 안개가 걷히는 모습이
정말 한국을 잘 표현한 것 같습니다.

10분 정도 되는 영상에서 찡한 무언가가 느껴집니다.

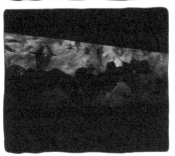

한국관에서 그 영상을 보고
다음 상영관으로 이동하게 되면
돔형식의 방으로 들어가게 됩니다.

그곳에선 누워서 봐야 됩니다.

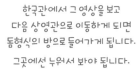

영사기를 이용해 천창을
하나의 영상으로 보여주더군요.

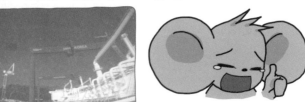

그저... 우와! 라는 말밖에 안 나왔습니다.
한국관은 정말 잘 만들었다!!

이곳은 시/군 등에서 지역을 알리기 위해 준비한 자리인듯싶어요.

으어!! 그립다~ 부산!!
부산은 다른 곳과 다르게 영상물만
있더군요. 차별화를 꾀한 듯...

다양한 생명들이 사는군요.
참신한 아이디어입니다.
다른 곳에 비해 인기도 많음!

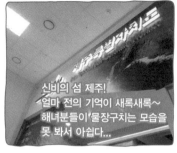

신비의 섬 제주!
얼마 전의 기억이 새록새록~
해녀분들이 물장구치는 모습을
못 봐서 아쉽다...

줄 서서 기다리는 사람들을 위한
멋진 거리 공연!

여기서부터 아쿠아리움 대기줄...

좋구나~
물장구가 좋구나~

아쿠아리움까지의 대기줄이
엄청나더니 1시간 정도
걸린 듯합니다.

주최측에서 빠른 진행을
시작!

안뇽~

Seomjin River
섬진강·褍津江·襤水江

섬진강은 우리나라 생물, 나무, 진흙, 바위 위에서 우거지기 나무라이로부터 나무가 얕고 있습니다. 또 한 단지로 우리나라의 담수인이 나무라이 세로 생동자 못무럽으로 빠넘이 그대로 담겨있는 곳. 매우물이 있게 넘어 도로있으면 신기한 민물을 물론 진흙으로 매면이는 민수한 어류 고대로의 모습을 잘 진작해요 있어 우리나라 내류 중 몇 외할수 있습니다.

정글을 만들어 놓았어요!
어린이들이 정말 좋아하네요~
저도 좋구요 ㅋㄷ

너무너무 아름답습니다~
아쿠아리움 안 보고 갔으면
어떻겠나 싶은!!

아쿠아리움의
하이라이트!!

예쁘다~ 엄청난
물고기 떼!!

아쉬운 건 관람객들의 관람자세.
모두가 그런 것은 아니겠지만
안내요원의 지시에 따라
이동을 하지 않는다는 것!
사람이 많기 때문에 뒤에 있던
관람객들도 보기 위해서는
조금 빠른 진행에 발맞춰야 했지요.

그리고 사진을 찍을 때는 플래시를
꺼달라는 간곡한 요청에도 불구하고
계속 터뜨리더라구요.
순간 번쩍이는 불빛이
한두개도 아니고... 수백 수천번을
우리가 본다고 생각해보면
불 보듯 뻔한 상황이 나오겠죠.

차들도 많이 빠져나갔네요.

이곳이 하루 묵을 곳!!

짐들 풀어놓고 으헝으헝~
가족이 좋구나 으헝으헝~
집에 가고 싶어...

그런데 여행은
계속하고 싶어!

DAY 67
가족과 함께한
순천만갈대밭

최고기온 27.4℃
최저기온 9.4℃

이동거리	순천	0km	지출	찜질방	8,000₩
총 거리		3,166km			
			총 예산		539,935₩

Good Morning!
펜션에서 바라보는 순천만의 모습

불필요하다 싶은 것들은 택배비가
아까우니 집으로 보냅니다.
어머니가 이것저것 챙겨오셨지만
성의만 받고 집에 가서 쓸게요~
오랜만에 어머니의 밥반!!
역시 집밥이 최고여~

순천만에 도착했어요.
사람 심리는 다 똑같은 듯!
토요일에 여수엑스포 보고 일요일에 순천관광~
지나가는 사람들 이야기 들어보면
온통 어제 엑스포 이야기ㅋㅋ

지도에 코스 안내를 보면,
다양한 코스와 소요시간을 알려줘
요. 산에 올라 전망대까지 가는 코
스가 있는데 3시간 정도 소요!
우리 가족은 엄두를 못 내고 갈대
밭까지만 가보기로 합니다.

양귀비? 마약재료 아닌가?
관상용이겠지... 관상용...

"갈대는
매년 봄에 베어야
예쁘게 자란답니다"

저곳에서
잠시 쉬어가요!

완만한 명상의 길

경사가 있는 다리 아픈 길

부모님은 명상의 길로
저랑 동생은 다리 아픈 길로 왔는데
동시에 도착 ㅇㅅㅇ
온 김에 산을 오릅니다.
전망대까지 가기로 했어요.

안 올라왔으면 후회했겠구나~

각종 드라마를 여기에서 촬영했군요.

우오오오오!!!!!
벌교에서 못 먹었던 꼬막정식과
갈대밭에서 봤던 짱뚱어가
들어간 짱뚱어탕!
진수성찬일세~
잘 먹겠습니다!!

이게 다 자훈여 자훈!!
개인적으로 이 시대 풍경을 좋아합니다.
그런데 만화에서 이 배경을
쓸 일이 없어요...

화장실
인가?

싱하형이 요기 있네~

저는 이런 골목골목이 좋아요.
뭔가 느낌같은 것도 있고 술래잡기
같은 놀이도 이런
곳이 재밌죠!

뭐...
이런 느낌?

저녁을 밖에서 돗자리 깔아놓고 이렇게!
이제는 우리가 헤어져야할 시간 다음에 또 만나요~
뭔가 시원섭섭합니다.
약 2주 뒤면 집에 도착할텐데 말이죠.

지금까지 한번도 메어낸
적이 없어서 발심했습니다...
안장 덥개를 페어갔네요...
싸구려라 다행...

먼길 와줘서
고마워요!!

가족으로부터 하사받은 것들...
안 받을랬는데...
여수엑스포에 제가 초대를 했으니 그
래도 어느 정도 비용을 드려야겠죠!
계좌도 안 불러주실 테니 여행이 끝
나면 드려야 겠어요.

DAY 68
광양으로~

최고기온 28.5℃
최저기온 16.0℃

이동거리	순천-광양-순천-광양	8km	지출	설렁탕(저녁)	14,000₩
총 거리		3,174km		호떡	5,000₩
			총 예산		520,935₩

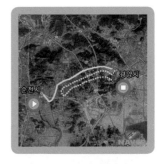

어제 하사받은
장갑을 착용해
볼까요?

일어나니 12시 30분 ㄷㄷ
바로 옆 광양에서 자취하는 친구를 만나 뜯어먹기
위해 간단하게 먹었어요.

장갑을 끼는데 갑자기
여자 두명이 다가왔어요.
복이 많게 생겼다며 그런 소리
안 듣냐며... 기타 등등...
'도를 아십니까'족인듯해서 결국
바로 쫓아냈어요!

이것들이

어제 갔던 드라마세트장이...
광양 넘어가는 길이었네요.

오오! 광양이다!

오~ 오!!
님 좀 짱인 듯!

친구의 자취방으로 고오오!
생각과 달리 매우 깨끗한 남자의 방!

다시 순천으로 넘어가
설렁탕 한 그릇 뚝딱!
학생이 돈이 어딨나요~
제가 한턱^^

친구의 자취방 룸메를 위한 호떡도 하나 사고~
자전거 전국 일주 경력자라고 하는데!!!

내일을 위해서 친구집에서 푹 쉬어야지...

...어제는?
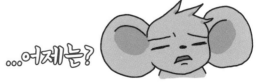

DAY 69
경상남도...
드디어 돌아왔다!

최고기온 29.2℃
최저기온 17.0℃

이동거리	광양-하동	58km	지출	모기향	1,000₩
총 거리		3,232km		최참판댁 입장료	1,000₩
				저녁: 라면	2,050₩
수입	주운 돈	100₩	총 예산		516,985₩

친구 자취방에서
하루 묵고, 대충 아침을 때우고
어머니께 받은 오렌지로 입가심

2주 정도 남았으니...
고로 10개면 되겠지?
얼마 전에 노숙 하루 만에
수십방을 물린 전적으로
대비 중!!

채워줘서 감사!

더워!!

지리산이 근처에 있어서
그런가 계속 산만 넘고 있어요.

섬진강이 보입니다.

이 순간 그 어떤 말로도
표현할 수 없는 짜릿함이!!

다시 경상남도로
돌아왔다! 요~ 베이베!

산을 내려오면서 물을
다 마셔버렸다. 물
이 급해서 근처 공
공 건물 식당 들
어가서 부탁을
했다.

고맙습니다~

하동에서 10km 떨어진 곳

기념품

감귤로 물들인제품이
왜 여기 있지?

최참판댁 길은 두갈래로 되어 있어요.

쉬다 가거라~
중생아~

이곳이 바로 소설 토지의 최참판댁.
토지가 유명한 줄 여기서 알게 되었어요. 80년대 첫 작품이 나오고
그 이후에 여러 방송사에서 드라마화시켰을 정도라고 하니...
이 세트장들도 벌써 30년 정도 된 것들이겠죠?

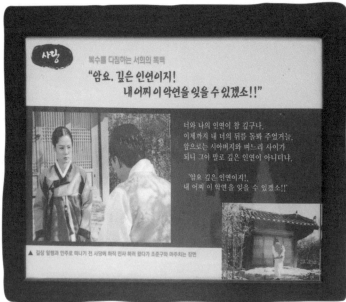

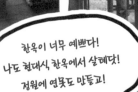

한옥이 너무 예쁘다!
나도 현대식 한옥에서 살례닷!
정원에 연못도 만들고!

라면이 땡겨서 저녁은
이걸로 두개!!

남해가는 길에 초등학교에서 자려고
했는데, 옳다구나! 오늘은 저곳이다!

호호호... 물도 있고 화장실도 있고 게다가
난 국민이고...? 충전도 해놨고!
사설경비마크를 보니 밤이 되면 문을 닫는 듯.
사람 없고 천장만 있으면 되는데 ㅋㅋ
쩝... 6시 30분에 직원이 퇴근할 시간이 지났다
며 날 쫓아내고 퇴근을 한다... 근처에서 충전하
고 10시쯤에 다시 가보니 사람들이 복적복적...
난 국민도 아니라는 건가...

DAY 70
이순신 로드?

최고기온 27.8℃
최저기온 15.2℃

이동거리	하동–남해–사천	69km	국밥(점심)	7,000₩
총 거리		3,301km	비빔밥(저녁)	4,000₩
지출	거북선	1,000₩	찜질방	9,000₩
	이순신 영상관	3,000₩	총 예산	492,985₩

찾다 찾다 겨우 봤네요.
사람이 가끔 지나가긴 하지만,
배째라식으로 갔어요.
모기향도 첫 사용인데 너무 괜찮았어요!
대신 일산화탄소 중독되지 않게 조심!

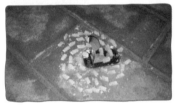

가방이 휘어서
가운데로 몰리는데 쉴 때
보완하기로 하고 임시방편
으로 대체 중

1시쯤은
너무 뜨거워서
시원할 때 많이
이동해둬야 해요.

정말 예쁩니다.
아침 일출 볼 날도
얼마 안 남았어요.

남해대교에 차들이 지나다니니
다리가 흔들거려서 마치
구름 위를 걷는 듯합니다!

南海大橋

우와!

거북선을 타봅니다!
지키는 사람도 없고...
천원 안 내면 CCTV가
뭐라할 듯...

검을 들어봤는데 제법 무거웠어요.
저런 걸 자연스레 휘두르려면
엄청난 노력이 필요할 듯...

생명수!
아주 꿀맛입니다~

남해 충렬사 입구!

스님도 있는 큰절일 거라 생각했는데 사당이었군요.

"나의 죽음을 알리지 말라"
장군의 유언이 생생히 살아 있는 이순신 영상관에서 3D 영상으로 노량해전의 감동을 체험하십시오

좀 더 달려가니 이순신영상관이 나옵니다. 11시 상영이라는데 마침 10시 40분!

상영되기 전까지 전시관 둘러보기!

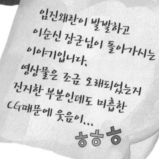

임진왜란이 발발하고
이순신 장군님이 돌아가시는
이야기입니다.
영상물을 조금 오래되었는지
진지한 부분인데도 미흡한
CG때문에 웃음이...
ㅎㅎㅎ

시외버스터미널에서 정비하며
충전 중이었는데 어느 직원분
이 오시더니 충전기를 뽑으며
이곳 점포들이 전기세를 내니
안 된다는 겁니다. 얼마나 된
다고 매정하네요, 정말...

사천의 삼천포입니다.
그냥 막 달렸어요!

무슨 바람이 이렇게 거세게
부는 건지... 다리를 건너는
차들도 휘청휘청...

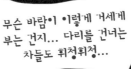

요즘
찾아보기 쉽든
천원김밥!

돈도 여유가 있으니
찜질방을 이용합니다.

DAY 71
덕산의 고모댁으로

최고기온 20.8℃
최저기온 14.2℃

이동거리	사천-산청	54km	지출	짜장면(아침)	4,500₩
총 거리		3,355km		선물세트	16,000₩
			총 예산		472,985₩

날씨가 시원해서 좋은데 비 올 것 같아요.

어서 간짜장을 내놓으란 말이다

아침이라서 간짜장 안 된다고 하네요.
500원 저렴한 짜장면 먹었어요.
거...겁나 맛나다!! 감자가 입안에서 살아 숨 쉬고 있어!!

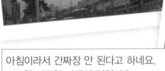

항상 부모님차를 타고
시골 할머니댁을 왔었는데
저의 두 발로 이 땅을 밟으니
너무 벅차오릅니다.

좌측으로는 큰 고모댁 방면

우측으로는 할머니댁과 부산방면

이햐~
안개가 자욱하게 끼니
더욱 아름다운 계곡이
군요.

자전거를 타고 덕산에 올 줄이야!

조용한 걸 보니 일 나가신 듯...

하우스를 운영하시는데 겨우 찾았어요.
사방이 너무 똑같이 생겼네요.

차는 있는데 아무도
안 계시니 깜짝쇼를
좋아하는 저는 초콜릿이나
까먹으며 기다립니다.

놀라며 반겨주시더니
라면이라도 끓여 먹으라고 하셨는데
먹으려고 보니 진수성찬이네요. 다 먹고
먹으려고 보니 설거지하고 일 도우러 가는 김에
아이스커피는 센스~

얼음이 없다... 어쨌든 이거라도...
그런데 안 보이셔서 한잔 마시고
다시 가져왔습니다.

집안일이라도
해야겠다 싶었는데...
깔끔하죠?

아... 결국...
ㅇㅅㅇ

드디어 일을 하는 거죠!
수박인데 말이죠. 줄기 하나에
수박 한 덩이만 생겨야 맛있다고
끝에 하나를 제외하고 모두 떼어
낸다고 합니다.

요것이 수박~
신기하다!

날이 추워서 그런가 짚도 깔았어요.
고모부와 제가 한줄씩 했는데 제가
왼쪽! 제법 그럴싸하죠?
저녁은 고모께서 돼지갈비를 해주
셨어요. 게다가 용돈까지...!

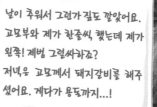

363

DAY 72
길리마을의 할머니 댁으로

최고기온 18,5℃
최저기온 13,2℃

이동거리	산청	9km	지출	선물세트	14,000₩
총 거리		3,364km		소주	1,500₩
			총 예산		456,985₩

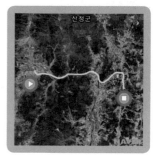

산청군

일어나니 7시네요.
어른분들은 5시에 일어나셨다고...
어제는 두 그릇 먹었는데, 아침이라
한 그릇밖에 못 먹었어요. 할머니 찾
아 뵙고 할아버지 산소도 가보라시며
어여 보내십니다.
감사합니다~ 다음에 또 뵐께요~

지리산이 보여주는 장엄함

이제 할머니 댁으로 고고씽~

개인적으로 이 길이 좋아요.
어릴 때부터 지나다니면서 봤는데
계곡이 정말 예쁘거든요.

길리마을에 사시는 할머니댁에 이제 곧 도착합니다.

마을 맨 안쪽집에 사시는데, 아무래도 이곳 마을회관에 계실듯합니다.

마을회관 어르신들의 부러움을 사시고, 곧장 함께 집으로 갔어요.
들고 온 소주와 할머니께서 준비해주신 멸치를 가지고 할아버지 산소
를 찾았어요.
군대 가기 전에 찾아뵌 게 마지막이었다니...
인사드리고 돌아가는 길에 나물을 캤어요.

:)

예전에는 길이 있었다는데
사람 발길이 끊기니 사라졌다는군요.

비빔밥에 없어선
안될 고사리~
자란 건 질겨서 안 되고,
덜 자란 것으로
먹어요.

이것도 먹는 쉬나물이라고 합
니다. 줄기에서 독특한 향이 나고 비
슷하게 생긴 것들도 있는데 가시가
없어야 쉬나물이랍니다!

이 험한 곳을
저 앞에 혼자 앞서
가시고...

푸르디 푸르구나~

정말 많이 캤어요. 둘러서 못 캐 먹는 것 같아요.
여행할 때 이런 지식이 있으면
굶지는 않을 것 같아요!
전에 소를 키울 때 소죽 끓이려고 쓰던
아궁이에요. 방을 데우려고 불 지피고 있어요.
기왕 왔으니 조금이나마 집안 청소를 해보죠.
옛날부터 봤던 거미줄도 제거!
이제 하룻밤 자나고 출발합니다.

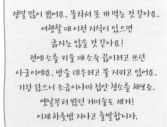

DAY 73
임진왜란
진주대첩의 보고

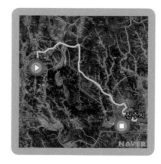

최고기온 21.0℃
최저기온 10.4℃

이동거리	산청-진주	27km	지출	진주성	2,000₩
총 거리		3,391km		비빔밥(저녁)	4,000₩
				찜질방	7,000₩
			총 예산		443,985₩

햇살도 그리 안 뜨겁고 봄 같습니다. 봄이야~
할머니의 무한 사랑에 취해버렸습니다.

이것저것 주시려고 하시는데... 못 들고 가요...
이런저런 반찬들부터 어제 캔 나물, 돗자리 등등...
그래서 떡 하나 받았어요!

할머니께서 용돈을 주시길래 안 받으려고 했다가 버럭 화내서서
받아버렸어요. 그리고 점심 먹고 출발!

찡하네요. 괜히 온 게 아닐까 싶기도 하고 말이죠...
그래도 찾아뵈야 한다는 게 역설적이군요...

남사예담촌
Namsa Yedam Village

어서 와~

근처에 이런 곳도
있었네요.

30km만 가면 된다!

뭐... 뭐야...
그냥 가자...

진주까지 얼마
안 남았어요.
내일은 의령 이모댁에 갈 예정이니
진주에서 천천히 관광을...

많은 자료가 나를
기다릴 것 같아.

두근두근

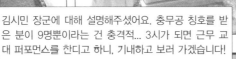
김시민 장군에 대해 설명해주셨어요. 충무공 칭호를 받은 분이 9명뿐이라는 건 충격적... 3시가 되면 근무 교대 퍼포먼스를 한다고 하니, 기대하고 보러 가겠습니다!

교대하는 팀이 나옵니다.

이어서 김시민 장군님이 행차하십니다.

무술을 겨루는 모습도 보여주네요.

거릴 때 현람한 모습에 보는 이
들 모두 감탄이 절로~
동영상으로 찍어두지 못한 게 아쉬울 정도!
그 다음 아군임을 확인하고 이곳의
책임자임을 증명하는 종표를
주고받습니다.

짱!

끝나고 인기가 많으신 김시민 장군님!

출중한 무예를 보여주신 다른 분들께도 환호의 갈채를 보냅니다~

닫혀있네요.

이곳도 확인은 안 해봤지만 닫혀있을 것 같아요.

진주성 안에 자리 잡은 박물관

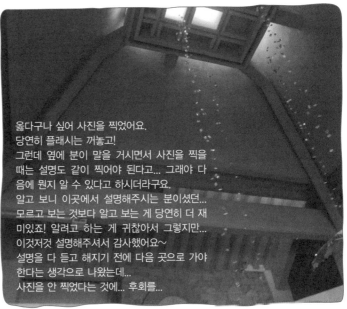

옳다구나 싶어 사진을 찍었어요.
당연히 플래시는 꺼놓고!
그런데 옆에 분이 말을 거시면서 사진을 찍을 때는 설명도 같이 찍어야 된다고... 그래야 다음에 뭔지 알 수 있다고 하시더라구요.
알고 보니 이곳에서 설명해주시는 분이셨던...
모르고 보는 것보다 알고 보는 게 당연히 더 재미있죠! 알려고 하는 게 귀찮아서 그럴지만...
이것저것 설명해주셔서 감사했어요~
설명을 다 듣고 해지기 전에 다음 곳으로 가야 한다는 생각으로 나왔는데...
사진을 안 찍었다는 것에... 후회를...

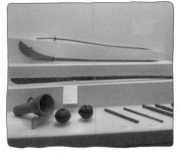

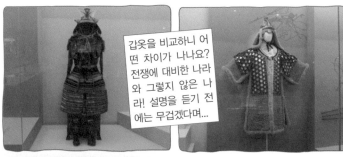

갑옷을 비교하니 어떤 차이가 나나요? 전쟁에 대비한 나라와 그렇지 않은 나라! 설명을 듣기 전에는 무겁겠다며...

이곳이 3,800여 명의 군사로 2만 왜군을 물리친 곳, 진주성입니다.

신발을 벗고 들어가세요~

일단은 GO!

이제 진주단성석조여래좌상을
보러... 5시인데 볼 수 있겠죠?

단성에서 주운 이것을 50년대쯤
이곳으로 가져왔다고 합니다.
이렇게 보여도 국보라는 것!

DAY 74
충익사, 의병을 일으켜
활약한 분들

최고기온 19.1℃
최저기온 7.6℃

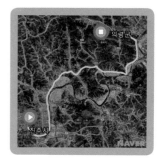

이동거리	진주-의령	39km	지출	비빔밥(아침)	5,000₩
총 거리		3,430km		충익사 헌금	1,000₩
				선물세트	10,000₩
			총 예산		427,985₩

햄버거가 생각나서 맥도날드로
달려갔다. 버거는 11시부터...

♪ 남강은 너무 아름답구나~
푸른 남강의 모습에 흠뻑 빠져~

남강 자전거길이 잘 되어있군요.
이 길 따라 고고싱~

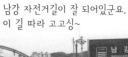

가자! 의령으로~

길은 여기까지

오덕교인 줄

이곳으로 가야 곽재우
느님을 볼 수 있단 말이다!

군민과 함께하는 희망찬 의령

보인다~ 의령탑!

절인 줄 알았는데, 사당 '사'라고 하네요.

임진왜란 때
곽재우 장국에 의해
의병이 최초로 일어
난 이곳.

충익사

충익사 관광하러 왔는데,
가이드분께서
커피와 호두과자 한 봉지를
주셨어요.
게다가 가이드까지!

감사합니다~
맛있게 먹었어요!

여행 중이라 많이는
못 넣고, 천원이라도...

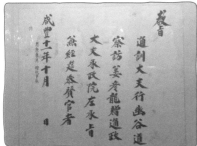

70년대 말에 박정희 전 대통령에 의해 이곳이 만들어졌다
고 합니다. 당시 박정희 전 대통령께선 이런 사당을 전국에
만들어 선조들을 기려야 한다고 하셨답니다.

이제 의령에 계시는 이모댁으로 갑니다. 친척분들은 부산이랑 경남에만
있어서 밖에서 노숙할 일은 없을 듯.
내일 비가 안 오면 할아버지 댁으로~

DAY 75
농촌체험기

최고기온 16.4℃
최저기온 13.3℃
강수량 27mm

이동거리	의령	0km			
총 거리		3,430km			
			총 예산		427,985₩

비가 억수같이 쏟아집니다.
내일 아침까지 온다고 했으니, 하룻밤 묵고 가야겠어요.
동생들도 모두 학교에 갔고 하루종일 놀 순 없지.

이모댁 밭농사 도우러 갑니다.
최근 들어서 농촌체험이 잦은 듯.

이른 아침, 이모부께서 차를 끌고 먼저 가셔서
이모와 함께 버스를 타고 갔어요.

어제저녁엔 꾸기를 구워주셨구만유~
한우여, 한우~ 게다가 등심이랑께~
입안에서 살살 녹는다는 게 이런 것이었구만유~

모닝 생파일 딸기 주스
감사합니다~

첨벙~ 첨벙~
놀러 가고 싶다

오랜만이다.
케이블타이야.
아... 울진에서
그날이 떠오른다..
널 자르라는 어명을
받았다.

수확한 지 하루가 지난 수박밭입니다.

보이는 게 1동인
데 동당 2줄 두
명이서 7동을

비가 와서 하우스 안에서 일만 했어요. 갈대인데 이것으로 수박 줄기가 타고 오를 수 있게 하는 역할을 한다고 합니다. 이곳 의령은 갈대를 사용하는 농가가 많아서 구하기 힘들다고 하네요. 작두로 써는 것도 일이라 갈대를 다시 수거하여 한번 더 사용하실 거라고.

오리 걸음... 고딩 때가 생각납니다.

작은이모와 큰이모의 통화 중, 전화기 너머로 들리는 어머니의 목소리.
"일 많이 시켜라."

시간 정말 잘 간다. 뭐한 것도 없는 것 같은데 벌써 5시다.

저녁은 삼겹살, 어제오늘 폭발시킵니다. 잘 먹겠습니다~
전화 통화 중... 어제 큰이모네가 외갓집에 갔다고...
큰이모부께서 소가 메는 쟁기를 메고 외할아버지가 몰며
밭을 갈았다...? 내일은 콩 심으러 인력 하나 가겠네.
아마도 내일은 종일 콩을 심을듯합니다.

빨래도
돌리고
~

DAY 76
폭신폭신
의령구름다리를 지나

최고기온	24.8℃		
최저기온	13.5℃		
강수량	0.3mm		

이동거리	의령	26km	지출	돼지찌개(점심)	6,000₩
총 거리		3,456km		선물세트	14,000₩
			총 예산		407,985₩

옷이 얇아서 그런지 빨리 말랐어요.
날씨도 좋고, 여러모로 좋은 날이네요~

Thank YOU 용돈에 빨래에~
이모 감사해요!

처음 봤을 때는
무슨 저런 다리가 있나 싶었음...
가운데 신호등이라도 있나 했는데,
사람전용이네요.

구름다리라는 것이 생겼다니 가봅니다.

푹신푹신한 게 구름 위를 걷는 기분

이 길을 따라 곽재우 장군 생가를 가봅니다.

아니?
내 앞을 가로막는 악의
무리들이!
끄응... 뒤로 돌아갔어요.

이런 것도 만들었군요.

곽재우 장군입니다.

지도상으로는 저기인데...

다시 보니 곽재우 생가는 여기에서 한참 북쪽이고,
이곳은 곽재우 동상이 있는 공원이네요.

호암 이병철 선생 생가에 갑니다.

삼성을 창건하신 호암 이병철 선생의 기운을 받기 위해 많은 사람이 이곳을 찾는다고.

꼭대기다!
높아서 한참 걸었어요.

저것만 넘으면 외갓집이다!
근데 왜 낮아 보이지...
은근 높은데...

이건 처음 보는데...?

이곳은 산으로 둘러싸여 있는데도 나름 넓은 평지가 많아요.

어릴 땐 저 자전거가
그렇게 타고 싶었다죠!

이미 콩은
다 심으셨어요.
잡초가 못 자라도록
밭을 갈았습니다.

할아버지가 몸이 편찮으셔서 조그만 밭 하나만 가지
고 농사를 지으세요. 허리가 안 좋으신데 계속하셔야
하나 싶은 생각과 아무것도 안 하면 하루하루가 무료
하실것 같다는 생각이 서로 맞부딪히네요.

밥상을 차려봅니다.
능숙하진 않지만
인터넷의 힘...

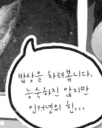

으로...?

DAY 77
창원시로 통합된 마산,
여행 막바지

최고기온	28℃				
최저기온	16.3℃				

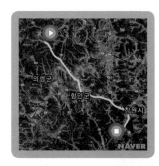

이동거리	의령-함안-마산	46km	지출	보리밥 뷔페(저녁)	6,500₩
총 거리		3,502km		찜질방	7,500₩
			총 예산		393,985₩

점심을 먹고 나서기로 했어요.
할아버지가 용돈을 주시는데, 허허
가 편찮으셔서 수술하셔야 할 돈을
받고야 말았습니다... 말을 그렇게
받으면서 다 받아가는 구나...

할아버지 댁을 뒤로한 채 길을 나섭
니다. 다음에 또 올게요~

햇살이 며칠 전보다 조금 수그러들었네요.
어제 넘은 저 산을 다시 넘어요.

의령, 정곡 방면으로

호암 이병철 선생 생가 주차장의 화장실 ㅋ
세수 좀 하고 가자, 덥다~ ☀☀☀

직진!

함안군
Haman

법수면

약 4km 정도 되는데
차도 많이 지나다니고 갓길
따위는 없습니다.

어? 저 앞에 보이는 게 고속도로인데 말이죠.
이쯤에서 고속도로 위를 지나는 다리가 있어
야 하는데... 여기가 아닌가...

왔다 왔어! 창원이다!

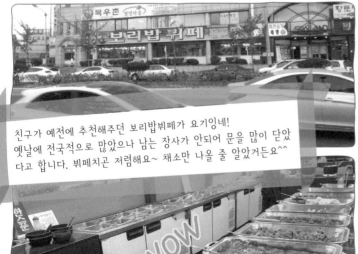

친구가 예전에 추천해주던 보리밥뷔페가 요기잉네!
옛날에 전국적으로 많았으나 남는 장사가 안되어 문을 많이 닫았
다고 합니다. 뷔페치곤 저렴해요~ 채소만 나올 줄 알았거든요^^

WOW

맛있겠다

DAY 78
마산의 돌섬을
아시나요?

최고기온 27.6℃
최저기온 15.2℃

이동거리	마산-창원-김해	56km		지출	돌섬(배)	5,200₩
총 거리		3,558km			선물세트	12,000₩
				총 예산		376,785₩

그래... 너희로구나. 돌섬과 마창대교 녀석들... 기다려라!
이곳 마산연안 여객선터미널에서 돌섬으로 들어갈 수 있습니다.

아침에 버거가게가 보이는데 너무 먹고 싶었다... 시간이 안 될 것 같아서 그냥 왔는데... 너무 빨리 왔어...

이 배...
뭔가 조금 아쉬운 듯...

출항!

7분 정도의 정말 가까운 거리

바로 돌아가 버리는구나. 1시간 뒤에 보자~

돝섬의 '돝'이 옛말로 돼지라고 합니다.

전국도 제주도도 반시계방향으로 돌았으니까. 여기서도 ㅋㅋ

해안도로가 정말 잘 되어있어요. 자전거로 10분 만에 다 돌듯?

사랑을 맹세하는 장소... 인 건가? 음... 썩 기분이 좋진 않군요...

들어올 때 여러명이었는데 낚시하시는 분들 빼고는 안 보이네요. 다들 꼭대기에 간 건가.

인터넷으로 봤던 무인 편의점! 지금은 9시 30분...

영업시간
◆ 평일
오전10시부터-오후5시까지
◆ 토/일
오전09시-오후6시까지

자전거로 올라갈 수 있는 길이 있어요.

너 무슨 동상이니?

시간은 칼같이!

나갈 때는 혼자로군요...
너도 있었구나!

창원에서 대학 다니는 친구한테
밥도 얻어 먹고! 감사 감사~
그런데 감탄한 게 말이죠.
창원은 자전거 지원을 많이 밀어
주는 듯하다는 게 보입니다.

어...? 아니? 이곳은? 아니야... 아니야...
여긴 대구가 아니라구~ 길이 너무 흡사해...
이런 일이 넉 번 있었으니까...

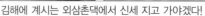

김해에 계시는 외삼촌댁에서 신세 지고 가야겠다!

여행도 거의 끝나가는 구나...
부산도 얼마 안 남았어요~

부산 바로 옆 김해에 봉하마을이 있는데
한번쯤 와보고 싶었습니다.

사상으로 가는 경전철이 보이기 시작했어요.
서프라이즈를 좋아하는 당신, 사전 연락 없이
집을 급습하라!!

원래는 미리 연락하고 가는 게 예의지만
자전거 여행을 하고 있을 때만큼은
예외로 하고 싶음 ㅋ

집에서 밥을 얻어 먹고 자고 갈 생각이었는데
외식을 ㅇㅁㅇ:::
갖가지 고기류가 나오는데 마지막 한입까지
맛있었어요! 잘 먹었습니다 +ㅁ+

DAY 79
마지막 코스, 부산고향투어

최고기온 23.3℃
최저기온 15.0℃

이동거리	김해-부산	62km	지출	아이스크림	1,000₩
총 거리		3,620km		선물세트	10,000₩
				PC방	3,700₩
			총 예산		362,085₩

초등학교 3학년 남자아이의
세심함에 놀랍니다. 잘 먹을게~

외숙모가 싸주신 유부초밥!
잘 먹겠습니다~
이걸로 점심은 해결된겨 ㅋㅋ

오늘따라 유난히 기분 좋은
햇살이로군요!

한참을 가다가
나온 이정표!

기... 뻐
다! 부산 풋맘을 보면
소리를 지를 줄 알았는데...
그냥 무덤덤...

여기에서 구포대교를 넘으면
집으로 갈 수 있어!

유혹을 이겨내고 예정대로 부산투어를 하기
로 합니다. 김해공항 방면 을숙도를 향해 Go!

여기서 휘모리장단이!
긴장이 풀려서 그런가 무릎 통증이
가시질 않네요. 조금만 더 버텨다오!

집...집...집!!

길이 정말
잘 되어 있어요!

아~ 그리운 내 고향~ 내가 정말 전국을 돌았구나... 어찌 보면 자전거 핸들 앞만 보고 달린 건데...

을숙도에 오면 이 탑을 항상 보고가곤 했죠.
그리고 따로 떨어져 있는 듯한 통일기원국조단군군상...

외숙모가 싸주신 유부초밥!

4대강 자전거길 스탬프를 알았더라면 여행 루트는 어떻게 짰을까?

낙동강 하구 에코센터를 방문했답니다.

이런 곳이 있을 줄은 몰랐어요.
자전거 여행 루트를 짜다가 발견하게 되었죠!

대백과사전을 구하겠다는 다짐을 하게 됩니다. 캐릭터 이름 짓기부터 시작해서 동물들의 능력까지...
기타 등등

허···헉···!

오르막 경사가 힘들었는데 올라오니 부산 중구의 전경이 한눈에 들어오는구만유~

오르막길이 있으면 내리막길도 있는 법!

이곳이 사진작가분들이 좋아하시는 감천문화마을입니다. 저도 물론, 이런 곳을 좋아합니다. 자전거를 끌고 다니며 골목골목 보기에는 버겁기도 한데요. 자세한 건 다음에 다시 오겠다며 발걸음을 돌렸어요.

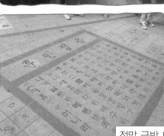

정말 금방 내려온다. 허무할 정도로... 보수동 책방골목으로 왔어요.
옛날 책부터 최신 책에 이르기까지 저렴하게 구할 수 있답니다~ 그래도 충동 구매는 No~

매년 해가 바뀔 때마다 울리던 종이 너였구나~

연등들이 예쁘게 있는 것을 보니 연등 축제를 하는 모양입니다!

부산의 남산타워(?)가 있는 용두산공원~ 보수공사 중이네요.

솔로천국!
커플지옥!

초딩이 선사해주신
요것들로 요기를 달래봅니다 ㅋㅋ

인간들아,
내 비록 이 작은 몸뚱이를
하고 있으나 어리석은
너의 몸부림에 내 두 팔을
펼칠쏘냐

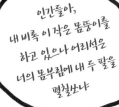

감천문화마을을 지나며 물을 거의 다 마셨어요... 공원을 둘러보다가 수돗가를
발견해서 남은 물을 다 버리고 물을 틀었죠... 그런데... 물이 안 나옵니다 - _-;;

TV에서 보던 이곳을?

스트리트 파이터들의
응집소가 아닌가!

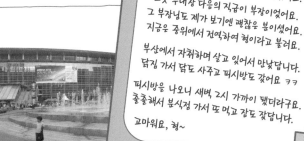

차이나타운이
이곳에도?

제가 복무한 곳은
부대가 작았어요.
그곳 부대장 다음의 직급이 부장이었어요.
그 부장님도 제가 보기엔 괜찮은 분이셨어요.
지금은 중위에서 전역하여 형이라고 불러요.

부산에서 자취하며 살고 있어서 만났답니다.
닭집 가서 닭도 사주고 피시방도 갔어요 ㅋㅋ

피시방을 나오니 새벽 2시 가까이 됐더라구요.
출출해서 분식점 가서 또 먹고 잠도 잤답니다.

고마워요, 형~

399

DAY 80
부산박물관에서
달맞이 길까지

최고기온	23.3℃				
최저기온	15.5℃				
강수량	1.5mm				

이동거리	부산	21km	지출	햄버거(점심)	6,200₩
총 거리		3,641km		설렁탕(저녁)	9,000₩
				찜질방	7,000₩
			총 예산		339,885₩

부산광역시

NAVER

자전거타기에는 더없이 좋은 날씨!!
어제 늦게 잔만큼 늦게 출발합니다.

어제 정처 없이 걸어갔는데,
경성대역에서 남서쪽으로
걸어갔나 보군요. 이곳에는
UN기념공원도 함께 있어요.

목적지가 아니니 PASS!

UN조각공원

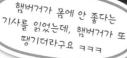

햄버거가 몸에 안 좋다는
기사를 읽었는데, 햄버거가 또
땡기더라구요 ㅋㅋㅋ

Good
Idea

갑자기 컵을 선물로 주길래 자전거
전국여행 완주 기념으로 주는 건 줄...

광안리해수욕장

국내 최장 길이의 광안대교~
그 타이틀보다는 매년 이곳에서 펼쳐지는 세계적인 불꽃놀이가 더 유명할지도

길거리 캐리커처 하시는 분들...
10분 정도면 하나가 나온다니 정말
피나는 노력을 하신 것 같아요!!

길거리 공연도
자주 하는 듯한 이곳은?
광 . 안 . 리

광안리해수욕장에서 해운대해수욕장 방면으로
계속 이동하다 보면, 조개구이 골목이 나와요.
밤이 되면 냄새들로 입안에 침이 가득~

와~!
음수대다!

밤에 찍으면 정말 예쁜데 말이죠 ㅋㅋ

광안대교의 끝자락.
영화의 전당, 신세계 백화점이 보입니다.

저곳을 건너서 APEC누리공원을 가봅니다. 누리마루하우스는 안 보여서
예전 기억을 더듬어 보니 이곳이 아니라 절벽 쪽에 있었던 것 같군요. 산을
좀 탔어요 ㅋㅋ 검색해보니 APEC누리마루하우스는 동백섬에 있답니다!

장애인 전용 엘리베이터를
탈 수밖에 없을 것 같은...

그날이 떠오릅니다.
여행 전에 이곳에 와서 더 돌아다닐
지 아니면 적당한 곳에서 머물지 고
민을 했었죠...

오!
저기에서 뭐
하는 듯?

기네스 인증도 받았구나!

이 거대한
건물에... 만차...
만차...!

세계 최대 백화점 ㄷㄷ

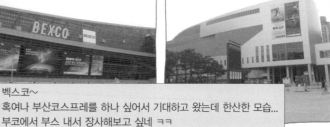

벡스코~
혹여나 부산코스프레를 하나 싶어서 기대하고 왔는데 한산한 모습...
부코에서 부스 내서 장사해보고 싶네 ㅋㅋ

맞은 편 시립미술관

센텀시티에 이런 건물들이 집약적으로 몰려있으니...
부자동네라는 게 갑자기 실감나네요...

나도
커플이고
싶다...

아이스 께~끼!

같은 구도로 찍었는데.. 느낌이 달라...

해운대해수욕장과 달맞이길이 보입니다!

월컴~♡

이곳은 처음입니다.
해수욕장과는 달리 사람도 별로 없어요.
이 동상의 주인공은 호가 '해운'입니다.
해운 최치원
그래서 이곳의 이름이 해운대라죠
ㅎㅎㅎ

OH!
무료예요! 해운대를 배경으로
사진을 찍고, 메일로 전송할 수 있어요!

매년 모래가 바다 쪽으로 쓸려간
다고 하던데... 그걸 대비한 올해의
모래인 듯

올해도 우리의 치안을 지켜주소서~

왔구나! 오늘의
라스트 코스~

계속 자전거를 끌고
올라가야 되네...

설렁탕, 한그릇 후루룹!
입천장이 데여도 맛있다!
가격은 9천원... OTL

DAY 81
전역을 하고
긴 꿈을 꾼 것 같다

최고기온 19.5℃
최저기온 13.6℃

이동거리	부산	45km		지출	해물쟁반짜장(점심)	7,000₩
총 거리		3,686km			아이스크림	1,000₩
					부모님 용돈	200,000₩
				총 예산		131,885₩

조용한 바다를 즐기고 싶다면 송정해수욕장으로~

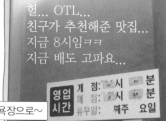

헐... OTL...
친구가 추천해준 맛집...
지금 8시임ㅋㅋ
지금 배도 고파요...

영업   개 점: ㅇㅇ시 ㅇㅇ분
시간   폐 점: 8시 ㅇㅇ분
        휴무일: ㅇㅇ째주 ㅇ요일

6시 30분에 일어나 7시에 출발했어요.
해운대에서 기장을 거쳐 동래 쪽으로
넘어가는 게 마지막 날의 코스입니다ㅋ
네이버 지도느님께서
이쪽으로 인도하십니다.
터널을 지날 타이밍은...
차들이 신호에 걸렸을 때!!

혹시나 싶어 자전거를 뒤
적여보니 여수에서 받은
고급 아이템이 아직 남아
있었어요 ㅋㅋ

수산과학관과 해동용궁사를 가봅시다!

8시 30분쯤인데
사람들이
무척이나 많아요

용궁사는 바다 위의 절이라고 하죠.

아하~ 그냥
절벽에 지어났네요
ㅇㅅㅇ;;

용궁사 본전 쪽으로 가기 전 계단에서
좌측으로 걸어나오면 이곳을 볼 수 있답니다.

미래도시 모습이에요.
죽기 전에 이런 도시가
만들어지는 걸 봤으면 좋겠어요.

진짜 박물관,
오래되긴 오래 된 듯...

충렬사의 사는 사당 사인듯?

기념관 안에서는 플래시를 꺼놓고도
찍으면 안 된다고 하네요.
필요하면 책을 가져가라고 하셨어요.

헐...

신혼부부를 찍어주는 사진 작가님이
바란 본 곳에서 저도 한컷 찍어봤음 ㅋㅋ
역시 전문가의 시선은 다르군요 ㄷㄷㄷ

덥고 목마르고 배고픈데... 밥은 집에서 먹겠다는 욕망으로 아이스크림 하나 겟!
너... 원래 이렇게 아담했니? 예전 같지가 않구나... 값은 오르고 양은 줄다니...

아자 아자!

자! 이제 만덕으로 가보자. 너만 넘으면 된다!
만덕2터널 네가 무서워서 피하는 게 아니야.
네이버가 1터널로 가라고 해서 그러는 거야...
2터널 무섭...

오늘 야구경기가 있는 듯합니다.
이것저것 싸들고 응원하는 것도
재미있다고 하던데...
정말 재미있을 듯 ㅋㅋ
한번도 안 가봤거든요...

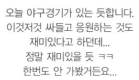

아놔~ 2터널 막히지도 않고
요금도 안 받는데 왜 불편한
1터널로 차들이 이렇게 오는 거냐.
의문이네. 참류지점은 같은데
대체 왜? 이리로 오는 거냐...

보도블록이 여기서 끝인 것인가...
아래에서 신호등이 차를 잡아두는 동안 1터널을 지날 것인가.
아니면 자전거 여행도 마지막인데 산을 넘을 것인가...

높은 곳에서 멋진 경치를 남기기로 했어요.

이런 곳에 절이 있었구나...

급했는데 마침 화장실이~

또... 절이... ㅇㅅㅇ;;

우와~ 시원시원~ 속이 후련하구나!

자... 자...! 이곳만 넘으면!!

정상에서 여기까지 거리가 꽤 먼데, 눈 깜빡할 사이에 도착해버리네요

우와~! 내 고향 북구다~ 스피릿은 전국여행중!

마지막까지 여행이란 녀석은 저에게 가르침을 주려는 듯합니다. 자전거를 번쩍 들고 있는 사진을 찍으려고 했는데, 집에 사람이 없... 주위에 사람들이 있었지만 자전거를 못 들면 그것도... 결국 부탁 못함...

초롱아,
그동안 잘 있었니
ㅋㅋㅋ

2010년 초, 그 당시만 하더라도 스마트폰 이라는 건 보기 드문 물건이었다.

그리고 입대. TV 속에 등장하는 스마트폰. 하루하루 지날 때마다 스마트폰은 놀라울 정도로 빠른 진화를 거듭해 나갔다.

그렇게 전역을 하고 만난 스마트폰. 나는 이것의 발명에 너무나 감격하고 기뻐했다. 네이버 지도, MP3, 사진, 사진 업로드, 인터넷, 전화, 심지어 나침판 기능까지! 나는 이 모든 것들을 스마트폰 하나로 해결 할 수 있었다.

그리고 네이버 지도... 정말 고맙게 생각한다. 두 번 이상한 길을 불러주시긴 하셨지만 그게 없었다면 두꺼운 책을 들고 여행을 다녀야 했을 것이다.

돌이켜 보면 아쉬운 게 너무 많다.

추위와 숙소를 핑계로 태백산맥 코스를 버린 것, 눈 때문에 미시령을 넘지 못한 것, 서울에서 못 본 것들, 길을 잘못 들어 천안독립기념관도 못 보고 서쪽 코스를 몽땅 날려 버린 것 등등... 그 때문에 가족과 여수엑스포를 볼 수 있었던 것도 있지만 ㅎㅎ

다음에 또 간다면 나로 우주센터가 있는 외나로도를 가보고 싶다.

그곳 아침의 신성한 모습이 아직도 잊혀지지 않는다.

만약 누군가 나에게 '다시 국내여행을 한다면 할 수 있겠나요?'라고 묻는다면 당연히 'YES'라고 답할 것이다. 처음엔 아무것도 몰랐고 그 때문에 두려웠던 것도 많았지만, 지금은 아니다. 어디에 무엇이 있고 어떤 일이 벌어질지 예상하고 있으며 그것을 해결할 수 있는 경험과 지식이 갖춰져 있기 때문이다.

다만 언제나 그렇듯 시작이 어려울 뿐...

이곳에서 일하시는 형이 찍어주셨어요.
정말 감사합니다~

부모님께는 여수엑스포 비용으로 20만원을 드렸다.

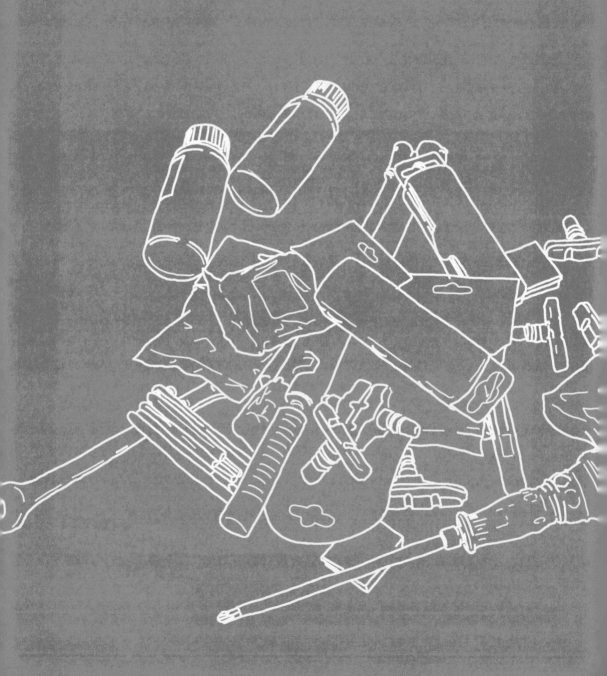

자전거 수리, 야매로 따라 하기

야매(やみ): 정상적인 방법이 아닌 방법으로, 일명 무허가 방법이라는 뜻.

브레이크 패드 교체하기

브레이크 패드를 교체해 보겠습니다.

V브레이크 걸이를 해제합니다. 대부분 자전거가 V브레이크입니다.

6각렌치입니다.

이렇게 풀어서

순서가 섞이지 않도록

구조가 간단하게 생겼죠?

이게 맞는 방법인지는 모르겠으나 실전에선 미세조정을 해도 안 맞는 경우가 간혹 있습니다. 이렇게 두께조절을 해보는 야매도 있으니 참고하시길

여기에

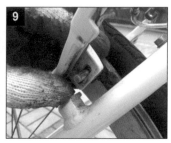

새 패드를 끼워줍니다.

육각렌치(Y렌치)

브레이크 패드

십자(+) 드라이버

대충 끼워주시고

림 부분에 맞게 고정한 다음 양쪽을 꽉 붙잡고 좌우 번갈아 가며 조금씩 쪼아줍니다.
타이어에 닿지 않도록 주의

V브레이크 걸이를 다시 걸어줍니다.

브레이크를 움직이며

좌우 패드가 동시에 림을 붙잡는지 확인합니다.

그렇지 안다면 미세조정을 해볼까요.

시계방향으로 돌리면 아랫부분이 들어가고 윗부분이 나오게 됩니다. 반대로 돌리면 반대가 됩니다.

다시 한 번 브레이크를 움직이며

확인합니다.

펑크 수리하기

V브레이크 걸이를 해제합니다.

이 부분을

양쪽 모두 분리시킵니다.

공기도 빼주시구요.

고정나사도 풀어줍니다.

주걱 하나를 잡고

이렇게 끼워줍니다.

재껴서

대야   펌프   펑크수리키트

고정시켜주세요.

다른 주걱으로 바퀴를 돌려가며 분리
해줍니다.

타이어 안 속의 튜브를 뺍니다.

펑크 위치를 찾기 위해 공기를 넣어
줍니다.

대야에 물을 담아서

펑크가 난 곳을 찾습니다.

튜브가 다른 곳에 걸려 찢어지지 않도
록 주의합니다.

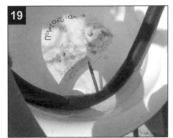

19

기포가 올라오는 곳을 찾으면

20

표면을 매끈하게 만들기 위해 사포로 다듬어줍니다.

21

사포질 후에 공기를 빼줍니다.

22

펑크전용 본드를 듬뿍 발라줍니다.

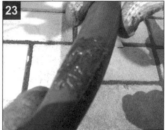

23

몇 분 동안 말려줍니다.

24

펑크패치 뒤에 붙어있는 비닐을 제거합니다.

25

펑크패치 위에 붙어있는 비닐은 판매 제품마다 다르므로 붙여두겠습니다.

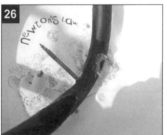

26

마르기를 기다린 다음, 공기를 채워 제대로 됐는지 확인합니다.

27

다시 공기를 제거합니다.

28

타이어에 펑크를 낼 만한 이물질 유무를 확인합니다.

29

튜브 밸브를

30

끼워줍니다.

튜브를 타이어 속에 넣어줍니다.

V브레이크 패드에 물러서 찢기지 않도록 주의합니다.

밸브를 타이어 안으로 밀어 넣은 후에 살살 흔들며 림에 끼워줍니다.

나사로 고정시켜 줍니다.

바퀴를 돌려가며

손으로 타이어를 끼워줍니다.

마지막은 주걱으로!
제대로 걸렸을 경우 쉽게 됩니다.

제대로 되지 않았는데 억지로 끼우면 림이 파손되거나 주걱이 부러질 수도 있으니 주의하세요.

V브레이크 부분을 처음 상태로 손봐 주면 끝!

풀린 체인 걸어주기

십자(+) 드라이버

1

체인이 톱니에서 이탈해버렸네요.

2

변속기 부분을 재껴서 체인을 느슨하게 만든 다음

3

드라이버로 이렇게 걸어줍니다.

4

뒷바퀴를 살짝 들고
앞으로 페달을 돌리면 쉽게 고쳐집니다.

땡볕에서 사진 찍어준다고
고생한 사랑스러운 내 동생 민돌아,
고마워~

강력추천 아이템!
펑크방지액, 실런트

타이어 펑크가 펑펑펑 터지며 좌절하고 있을때 구미의 어느 자전거샵에서 만난 실런트!
그 당시 채워넣은 제품은 석 달 유효하다고 하더군니다. 이후, 펑크 매운 기억은 없는것 같습니다.

그리고 여행이 끝나며 2주에 한 번씩 펑크가 펑! 펑! 펑!
펑크는 운이라던데 어떤 운이 굴러들어오려고 이렇게나 주인님을 괴롭히시나 ㅠㅅㅠ
하여 타이어 여분 5개를 샀고! 천천히 몰아도 자꾸자꾸 펑크가 펑! 펑!
그래서 실런트를 구매했고! 효과는 굉장했다.

작은 펑크가 나면 고무액이 사람의 피처럼 흘러나와 응고가 되어 펑크를 방지해 줍니다.
만약 크게 찢어진다면 아무런 효과가 없습니다.

BARBIERI(바비에리)

Zefal(제팔)

SCHWALBE(슈발베)

정말로 여행을 시작했고 끝나지 않을 것 같던 여행에 마침표를 찍었습니다.

완주를 할 수 있었던 건 저 혼자만이 아닌 주위 분들의 지지와 격려가 있었기 때문이라고 믿습니다. 끝을 맺어보니 여행을 했던 건가라고 저에게 되물어봤습니다.

"어제 뭘했지?"

"전역했잖아!"

하루하루를 되새겨보면 아직도 생생한 여행이었는데 말이죠.

무릎이 욱신거렸습니다. 주위에서 다들 병원을 가보라고 했어요.

주사... 싫은데.. 떠밀리듯 병원을 향했습니다.

진단결과, 연골이 좀 닳았다고 합니다. 술, 운동 절대 안 되고 걷는 것도 조심조심 천천히, 일상생활도 조심히 해야 하고 양반다리 절대 안 된다고 합니다. 게다가 3주간 매일 물리치료 받으러 오라고 하십니다. 약도 꼬박꼬박 먹고 ㅋㅋ 병원 빼고는 집안에만 있으란 말인 듯... ㅇㅅㅇ

여행도 끝났고 그간 못 만났던 사람들을 만나기로 약속을 하려고 했는데 마음대로 안 되는 게 세상 일인가 봅니다. 이 정도일 줄은 몰랐지만 무릎에 무리가 갈 거라는 건 예상하고 있었던 일이고 때문에 매일 준비운동도 철저히 한 것이죠. 그래도 여행 중에 큰 부상없이 완주할 수 있게해 준 제 몸에겐 고맙답니다. 저렴하게 석달 여행 다녀오고 이 정도면 쌤쌤이죠, 뭐 ㅋㅋ

다시 생각해보면 넘치는 자신감이 무릎에 더욱 무리를 줬던 것이 아닌가 싶습니다. 지나친 자신감의 폐해라고 하면 되려나요. 저체력이던 녀석이 강원도를 지나며 허벅지를 길렀고 비교적 완만한 경기도를 지나며 웬만한 경사는 다 올라갈 수 있게 되었어요. 전쟁기념관-이태원, 제주도의 산방산 등등 무리하게 탔다죠. 특히 마지막 날 부산의 다대포에서 감천문화마을 입구까지 탔던 게 문제가 된 게 아닐까 싶습니다.

처음에 여행을 시작하며 책을 만들 생각은 거의 없었습니다. 하나쯤 있으면 괜찮겠지 정도였는데 하다 보니 지금까지 적었던 여행기를 대충 엮기만 하면 되겠구나 싶었죠. 그런데 책을 만든다는 게 정말 장난이 아니더라구요. 책 만드는 분들께 경의를... 만만하게 보고 한달이면 조금 빡빡하겠지만 완성하겠지라고 마음을 품었던 제 모습이 부끄럽습니다. 그렇게 두달... 석달...

주위 지인들의 조언과 지식공감 가족들이 없었다면 완성하지 못했을 겁니다.

자전거족이 어느새 800만이 되었다는 기사를 읽은 적이 있습니다. 그만큼 자전거여행을 원하시는 분들이 늘어나고 있다고 생각됩니다. 아프리카 여행이니, 아메리카 횡단이니 하는 그런 대단한 책은 아니지만 그런 분들께 장거리여행을 하면 어떤 것이 필요하고 어떤 일이 일어나며 어떻게 대처를 해야 하는지 등등 좀 더 완벽한 여행에 근접할 수 있도록 도움이 되었기를 바랍니다.

모든 자전거족분들 언제나 안전한 라이딩되시길~

아자아자

물리치료를 받으러 갔더니 뜨겁게 해주더라구요.

그래서 의사선생님께 여쭤보니 찬물찜질은 상황에 따라 사용하는 방법이지

함부로 해선 안 된다고 하시더닙니다. 어느 찜질방 냉탕에서 그랬다가 이후 심해진 듯합니다.

지금은 일상생활에 큰 지장은 없어요. ㅎㅎ

2013년 7월 – SPIRIT –

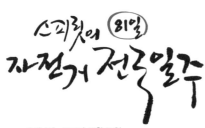

초판 1쇄 2013년 07월 25일

글·그림 박성준
발행인 김재홍
기획편집 이은주, 권다원, 김태수
마케팅 이연실

발행처 도서출판 지식공감
등록번호 제396-2012-000018호
주소 경기도 고양시 일산동구 견달산로225번길 112
전화 031-901-9300
팩스 031-902-0089
홈페이지 www.bookdaum.com

가격 15,000원
ISBN 978-89-97955-70-1 03980

CIP제어번호 CIP2013010142
이 도서의 국립중앙도서관 출판시 도서목록(CIP)은 e-CIP홈페이지(http://www.nl.go.kr/ecip)에서 이용하실 수 있습니다.